高等职业教育通识类课程新形态教材

人工智能基础

主　编　余　平　张春阳

副主编　袁　点　张浩淼

中国水利水电出版社
www.waterpub.com.cn
·北京·

内 容 提 要

本书是人工智能专业课程建设的配套教材，根据高职高专人工智能技术应用专业人才培养方案的要求，同时借鉴国家示范高职院校软件专业教学经验编写而成。

全书共七章，主要内容由人工智能基础知识、人工智能数值计算、知识表示、神经网络基础、深度神经网络、访问数据库等组成。本书理论与实践相结合、内容层次分明、示例代码简洁明了，每个案例代码都能上机运行，每章最后有相应的习题，便于读者检验学习情况。

本书由大量教学资源支撑，配有课程标准、PPT 文档、示例源代码、教学微视频等资源，适合作为高职院校人工智能课程的教学教材，也适合作为各类工程技术人员和设计人员的参考用书。

本书配有电子课件，读者可以从中国水利水电出版社网站（www.waterpub.com.cn）或万水书苑网站（www.wsbookshow.com）免费下载。

图书在版编目（CIP）数据

人工智能基础 / 余平，张春阳主编. -- 北京 : 中国水利水电出版社，2021.10
高等职业教育通识类课程新形态教材
ISBN 978-7-5170-9862-1

Ⅰ. ①人… Ⅱ. ①余… ②张… Ⅲ. ①人工智能－高等职业教育－教材 Ⅳ. ①TP18

中国版本图书馆CIP数据核字(2021)第169905号

策划编辑：寇文杰　责任编辑：张玉玲　加工编辑：刘　瑜　封面设计：梁　燕

书　名	高等职业教育通识类课程新形态教材 人工智能基础 RENGONG ZHINENG JICHU
作　者	主　编　余　平　张春阳 副主编　袁　点　张浩淼
出版发行	中国水利水电出版社 （北京市海淀区玉渊潭南路 1 号 D 座　100038） 网址：www.waterpub.com.cn E-mail：mchannel@263.net（万水） sales@waterpub.com.cn 电话：（010）68367658（营销中心）、82562819（万水）
经　售	全国各地新华书店和相关出版物销售网点
排　版	北京万水电子信息有限公司
印　刷	三河市德贤弘印务有限公司
规　格	184mm×260mm　16 开本　9.5 印张　201 千字
版　次	2021 年 10 月第 1 版　2021 年 10 月第 1 次印刷
印　数	0001—3000 册
定　价	34.00 元

前　言

人工智能与大数据技术是目前发展迅速的新兴学科，已经成为许多高新技术产品中的核心技术。其中人工智能技术发展应用几乎覆盖了生产、生活中的所有领域，因此，目前不仅许多本科院校开设了人工智能课程，许多高职与专科院校也开始重视相关专业高技术技能人才的培养。

随着本科、高职院校人工智能相关专业落地，前期的教学内容技术专业度不足，针对研究领域的高级教材难度较大，不适合高职和一般本科院校的学生学习。因此，编著一本适合高职学生和本科学生的基础性强、可读性好、入门快且适合老师讲授的人工智能技术专业教材非常必要。

本书选择基础实用的内容，并辅以编程能力基础和综合案例，目的是使学生学习和掌握人工智能的基本概念和原理，附录使得读者可以结合第三方工具实践和应用人工智能知识，拓宽知识面，启发思路，为今后在相关领域深入学习奠定基础。

本书通过从理论到实践的形式，由浅入深地讲解了人工智能理论方法体系和技术应用过程。本书特色如下：

（1）语言简明，可读性好。本书尽量用通俗语言讲解各个知识点，帮助学生阅读和学习，领略人工智能的思想和方法。

（2）内容实用，注重应用。人工智能知识内容非常庞杂，本书旨在介绍主流知识体系和实用技术方法，偏重实践能力培养而不拘泥于科学研究方法。

（3）拓展内容丰富，扩宽学生眼界。本书提供了拓展内容，引导学生自主学习，扩宽学生的眼界，提高其知识应用能力。

（4）编排合理，方便学习。每章开篇设置了导读，明确了学习目标和学习重点，引起读者的注意。

本书课程教学学时数建议为48～64学时。对于人工智能、计算机等专业，可适当增加项目实训。

感谢重庆电子工程职业学院编写人员的辛勤劳动和付出以及成都地铁运营公司的大力支持，同时感谢中国水利水电出版社给予的协助和支持。

由于编者水平有限，书中难免存在欠妥之处，由衷希望广大读者朋友和专家学者能够拨冗提出宝贵的改进意见。

编　者

2021年5月于重庆

目　录

第 1 章　走进人工智能

相信大家已经很熟悉著名的机器学习应用之一——百度搜索，百度搜索就是人工智能技术的一种应用。

当用户每次在百度上执行搜索时，搜索引擎都会关注用户对搜索呈现结果的响应方式。那么搜索引擎是如何通过用户每一次输入关键字,给出用户满意的搜索结果呢？这就是利用人工智能技术来实现的。

那什么是人工智能？人工智能能做什么？让我们从了解人工智能发展历程开始吧。

- 了解人工智能发展史。
- 了解人工智能的定义。
- 了解人工智能的应用场景。
- 了解人工智能的研究领域。

1.1　人工智能发展史

人工智能已经成为当代最重要的技术之一，涉及自动化、计算机、生物医学、认知科学等多学科融合交叉的研究领域，已广泛渗透于科学发现、经济建设、社会生活等各个领域，正在改变人类的工作和生活方式。随着大数据、云计算、物联网等信息技术的不断发展，人工智能研究在理论、方法、应用等多个层面也面临新的挑战和机遇。

1.1.1　人工智能起源

说到人工智能，一定要提到计算机届的一个传奇人物——阿兰·图灵（Alan Turng）博士。

阿兰·图灵是美国著名的逻辑学家和数学家，被尊称为现代计算机之父和人工智能之父。

1950 年，图灵在发表的《计算的机器和智能》（*Computing Machinery and Intelligence*）的论文中首次提出了一个举世瞩目的想法——图灵测试。按照图灵的设想：如果一台机器能够与人类在隔开的情况下开展对话测试，测试者通过一些装置（如键盘）向被测试者随意提问，进行多次测试后，如果机器能让平均每个参与者做出超过 30% 的误判而不能辨别出机器身份，那么这台机器就通过了测试，并认为这台机器就具有人类智能。图灵及图灵测试如图 1-1 所示。

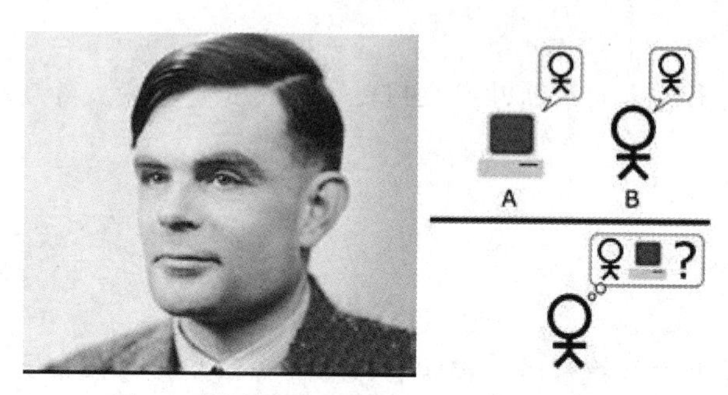

图 1-1　计算机之父阿兰·图灵与图灵测试

凑巧的是在图灵测试被提出的同年，一位名叫马文·明斯基（Marvin Minsky，被人称为“人工智能之父”）的大四学生与他的同学邓恩·埃德蒙（Donne Edmund）一起建造了世界上第一台神经网络计算机，这被看作人工智能的一个起点。

1956 年，在由美国达特茅斯学院举办的一次会议上，包括麦卡锡、香农、司马贺、纽厄尔、明斯基等在内的许多著名科学家研讨了“关于机器模拟人类智能的问题”，主要参会人员如图 1-2 所示。

图 1-2　1956 年达特茅斯会议主要参会人员

正是在这次会议，由计算机专家约翰·麦卡锡（John McCarthy）提出的“Artificial

Intelligence”（人工智能）一词在击败“Machine Intelligence”等其他选项之后，成为这一学科的名称。达特茅斯会议被广泛认为是人工智能诞生的标志，从此开启了人工智能的发展道路。达特茅斯学院与麦卡锡专家如图 1-3 所示。

图 1-3　美国达特茅斯学院与计算机专家约翰·麦卡锡

1.1.2　人工智能发展之路

自 1956 年达特茅斯会议上正式确立人工智能研究学科后，人工智能的发展经历了以下几个阶段，如图 1-4 所示。

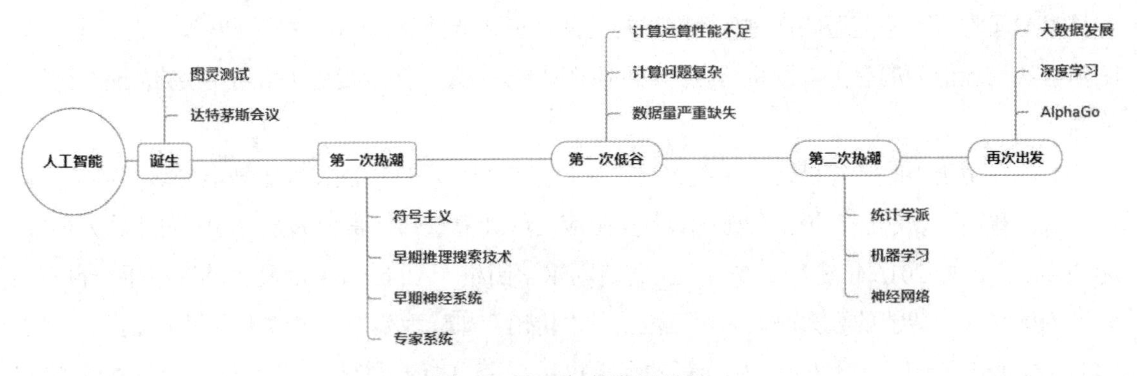

图 1-4　人工智能发展历程

1. 第一次热潮（1956－1974）

这一时期是人工智能发展的第一次高潮，人们开始将各个领域的知识融入到人工智能，并在使用推理和搜索技术解决特定问题上取得了巨大的进步。搜索推理称为人工智能（AI）程序的基本算法。美国政府也积极向这一新兴领域投入大笔资金，每年将数百万美元投入到麻省理工学院、卡耐基梅隆大学、爱丁堡大学和斯坦福大学，并允许研究学者去探索任何感兴趣的方向。这一时期相继出现了一批显著成绩，比较有影响的有贝尔曼公式的提出（增强学习雏形），奠定了强化学习算法的基础。

在1957－1958年，美国神经学家弗兰克·罗森布拉特（Frank Rosenblatt）成功地实现了一种新型机器——感知机（Perceptron），奠定了早期神经网络和支持向量机的基础。

1958年，约翰·麦卡锡和马文·明斯基组成了人工智能项目，LISP语言率先实现了包括树形数据结构、自动存储管理、动态类型、递归运算等的先进技术，所有运算都能以函数的方式来实现。LISP的这些特点使得它先天就符合当时人工智能运算的需要，也使得它成为长期以来人工智能领域的主要语言之一。

在20世纪50年代中期和60年代初，IBM的亚瑟·塞缪尔（Arthur Samuel，被誉为"机器学习之父"）开发了一款国际象棋程序，它能通过观察棋子的走位来构建新的模型，并用其提高自己的下棋技巧，并且随着时间的推移，其棋力已经可以挑战具有相当水平的业余爱好者；而机器人Shakey项目的开发使得机器人能够对自己的行为进行"推理"，能解决简单的感知、运动规划和控制问题，这也使得人们将其视作世界上第一台通用机器人。

得益于早期神经系统的感知器（深度学习雏形）、机器定理证明、自然语言等各种人工智能理论的支持，科学家首次提出人工智能拥有模仿智能的特征，使得人工智能懂得使用语言，懂得形成抽象概念并解决人类现存的问题。

这一阶段的人工智能技术特点是重视问题求解的方法，而忽视知识的重要性。

2. 第一次低谷期（1974－1980）

20世纪70年代初，人工智能进入了一段痛苦而艰难的岁月。主要是因为人工智能的发展在技术上面临了无法克服的瓶颈，而科研人员在人工智能的研究中对项目难度预估也不足，当时消解法推理能力的有限以及机器翻译等的失败导致了人工智能走进了低谷，主要表现在三个方面。

第一，由于当时计算机运算性能不足，导致早期很多程序无法在人工智能领域得到应用。虽然人工智能可以解决理论上的难题，但实际应用的计算量却非常惊人，以当时的计算力根本无法实现，比如2016年3月，谷歌人工智能阿尔法围棋（AlphaGo）战胜了韩国棋手李世石，在人们感叹人工智能的强大时，其背后巨大的"付出"却鲜为人知——数千台服务器，上千块CPU、高性能显卡以及对弈一局所消耗的惊人电量，以当时的运算速度和存储能力是不可能完成的。

第二，计算问题的复杂性，早期人工智能程序主要是解决特定的问题，而特定问题对象少、复杂性低，不能体现智能化。同时早期人工智能技术如逻辑证明器、感知器、增强学习只能完成指定的工作，对于超出范围的任务则无法应对，智能水平较为低级，局限性较为突出。真正智能化的许多问题只有在指数级时间内才可能得到解决，造成这种局限的原因主要体现在两个方面：一是人工智能所基于的数学模型和数学手段有一定的缺陷；二是很多计算的复杂度呈指数级增长，依据当时的算法无法完成计算任务。

第三，数据量严重缺失。人工智能需要大量的人类经验和真实世界的数据，许多重要的

AI 应用，例如机器视觉和自然语言都需要大量对世界的认识信息，这在当时计算机和互联网都没有普及的情况下几乎是不可能的，而且也没有足够大的数据库来支撑程序进行深度学习，导致机器无法读取足够量的数据进行自我学习完成智能化。

3. 人工智能的崛起（1980—1987）

人工智能的第二次复苏发生在 20 世纪 80 年代。在人工智能的第一个低谷期间，人们对 AI 的研究并没有完全停止。此时对人工智能的期望逐渐归于理性，并转到其最有可能发挥作用的方向上。

1980 年，卡内基梅隆大学为数字设备公司设计了一套名为“XCON”的“专家系统”。这是一款能够帮助顾客自动选配计算机配件的软件程序，它采用人工智能程序系统，可以简单地理解为“知识库+推理机”的组合，XCON 是一套具有完整专业知识和经验的计算机智能系统。此后专家系统开始在更多领域发挥作用，而知识库系统和知识工程的“知识处理”成为了主流人工智能研究的主要方向。

1982 年，英国科学家霍普菲尔德几乎同时与杰弗里·辛顿发现了具有学习能力的神经网络算法。神经网络算法的提出大大推进了人工智能的发展，在人工智能领域涌现了大量具有深刻意义的研究成果，用于文字图像识别和语音识别。1986 年，德国慕尼黑的联邦国防军大学通过在一辆梅赛德斯-奔驰车上安装计算机和各种传感器，自动控制方向盘、油门和刹车，实现了历史上第一次自动驾驶。

1982 年，美国物理学家约翰·约瑟夫·霍普菲尔德（John Joseph Hopfield）提出了一种具有反馈机制的神经网络——霍普菲尔德网络（Hopfield Network）。该神经网络模型可以实现信息储存和信息提取。1984 年，霍普菲尔德使用运算放大器模拟神经元，用电子电路模拟神经元之间的连接，成功实现了自己提出的模型，从而重新激发了很多研究者对神经网络的研究热情，推动了神经网络的研究。

但是到 1987 年时，苹果和 IBM 公司生产的台式机性能都超过了 Symbolics 等厂商生产的通用计算机，从此，人工智能又陷入第二次低谷。

4. 人工智能再次出发

20 世纪 90 年代中期开始，随着人工智能技术尤其是神经网络技术的逐步发展，以及人们对 AI 开始抱有客观理性的认知，人工智能技术开始进入平稳发展时期。1997 年 5 月 11 日，IBM 的计算机系统“深蓝”战胜了国际象棋世界冠军卡斯帕罗夫。“深蓝”的运算速度为每秒 2 亿步棋，并存有 70 万份大师对战的棋局数据，可搜寻并估计随后的 12 步棋，这是人工智能发展的一个重要里程。深蓝对决如图 1-5 所示。

2006 年，杰弗里·辛顿（Geoffrey Hinton）在神经网络的深度学习领域取得突破，基于深度学习技术的阿尔法狗打败围棋世界冠军选手，使得人类又一次看到机器赶超人类的希望。

图 1-5 深蓝对决

5. 人工智能大数据时代

进入 21 世纪后，由于互联网出现，使得可用的数据量剧增，数据驱动方法的优势越来越明显。之前很多需要类似人类智能才能做的事情，计算机都可以胜任了，这得益于数据量的增加。如今在很多与“智能”有关的研究领域，其核心都可以将智能问题转化为数据问题，比如图像识别和自然语言理解，如果所采用的方法无法利用数据量的优势，就很难做到智能化。

与此同时，计算处理能力也明显提升，云计算技术的飞跃发展大幅提升了计算能力，计算机 CPU（中央处理器）的处理能力和 GPU（图形处理单元）的计算能力满足了神经网络对大量数据存储与处理的需求。

1.2 什么是人工智能?

人工智能（Artificial Intelligence）简称 AI。目前对人工智能的定义还没有完全统一，在科学界，主要的分歧在于“智能”问题。

什么是智能？智能（Intelligence）是人类所特有的区别于一般生物的主要特征。在科学界，智能的定义有很多，如“智能是进行抽象思维的能力”“感知、学习、理解、知道的能力，思维的能力”。通常认为，智能不仅仅能够识别，还包含思考和逻辑等内容。

从科学的角度来说，人工智能是研究、开发用于模拟、延伸和扩展人的智能的理论、方法、技术及应用系统的一门科学。

人工智能是计算机科学的一个分支，它企图了解智能的实质，并生产出一种新的能以人类智能相似的方式做出反应的智能机器。简单来说，人工智能研究机器模拟人的意识和思维。除了研究人类本身的智力外，还需要机器像人一样进行合理思考、像人一样采取合理行动。可以将人工智能理解为实现机器对人的意识、思维的模拟，虽然它不是真正人类的智能，但却能像人类那样思考甚至超过人类的智能。

人工智能技术主要研究开发与人类智能相关的计算机功能，例如推理、学习和解决问题的能力，是一门集计算机科学、神经科学、生物学、数学、社会学、心理学等多学科于一体的综合科学。其简图如图 1-6 所示。

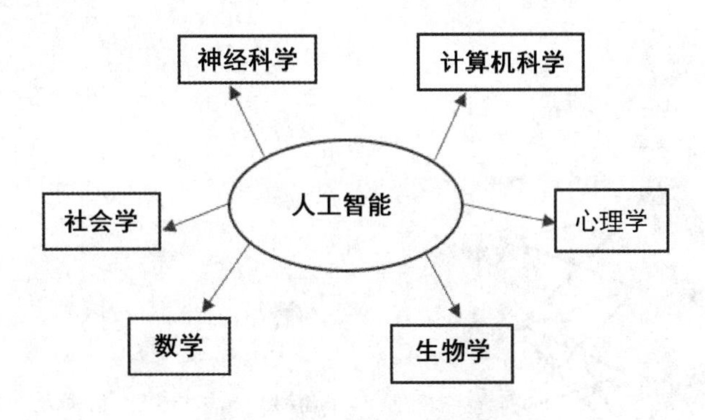

图 1-6　人工智能科学简图

算力、算法、数据是人工智能发展的三个主要动力。

1. *算力*

算力指计算机的运算和处理问题的能力，人工智能算力一般包括芯片运算能力和超级计算机云计算能力。芯片算力的计算能力突破如图 1-7 所示。

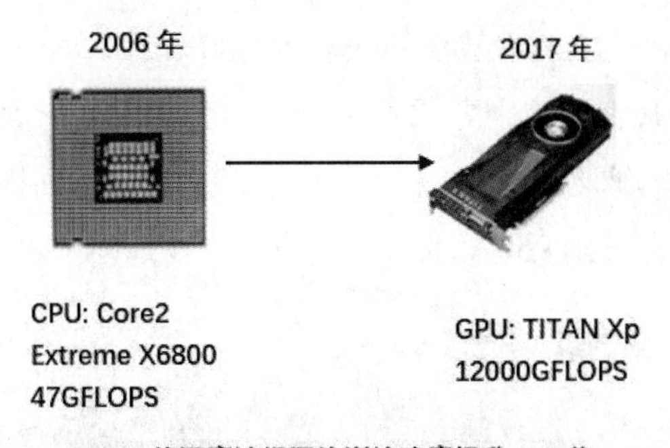

图 1-7　芯片算力的计算能力突破

FLOPS 是 Floating-Point Operations Per Second 的英文缩写，指每秒所执行的浮点运算次数，是一个衡量计算机计算能力的量。计算机每秒执行的浮点运算次数越多，算力越强，1GFLOPS （gigaFLOPS）等于每秒 10 亿次的浮点运算。

以 AlphaGO 为例，它需要 1920 个 CPU 以及 280 个 GPU，才能完成算法计算。

现有的算力架构是按冯·诺依曼体系来做的，未来将向非冯·诺依曼体系架构变革。随着量子计算的出现，算力的发展也得到了前所未有的突破。

2. *算法*

算法就是使用系统的方法描述解决问题的策略机制，能够对一定规范的输入，在有限时间内获得所要求的输出。人工智能算法可以针对不同行业建立对应的模型，将数据根据算法进行计算，完成具体功能。人工智能算法的优劣直接导致了人工智能水平的高低。算法突破如图1-8所示。

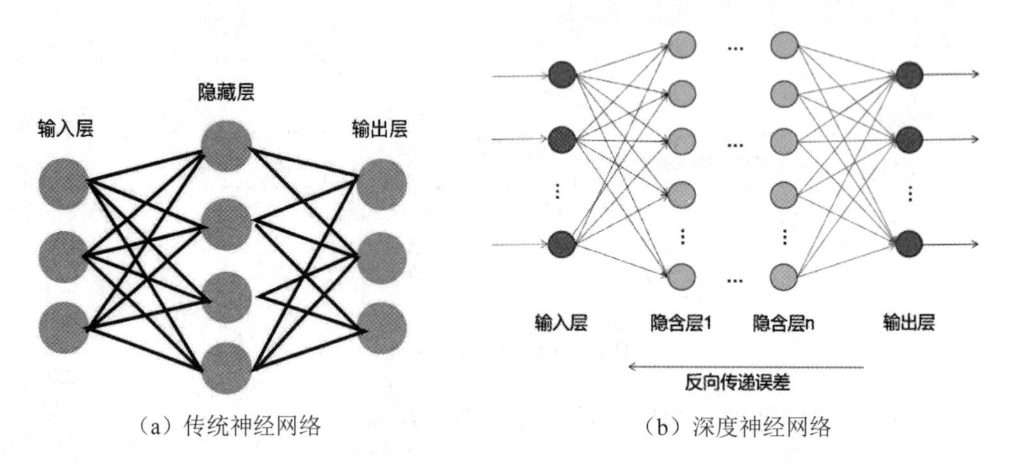

（a）传统神经网络 （b）深度神经网络

图1-8 算法突破

3. 数据

数据是人工智能的基础，人工智能算法本身是建立在数据基础上的（例如概率统计），数据越多，数据质量就越好，人工智能算法结果表现越好。

以计算机视觉为例：其主要识别方式发生重大转变，自主学习状态成为视觉识别主流，机器从海量数据库里自行归纳物体特征，然后按照该特征规律识别物体。图像识别的精准度也得到极大的提升，从70%提升到95%。数据发展如图1-9所示。

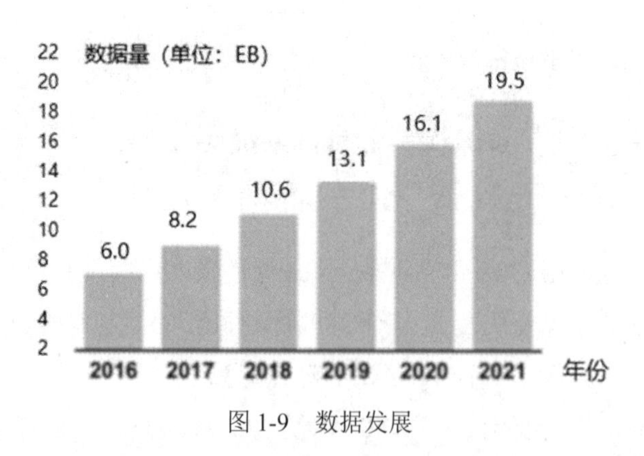

图1-9 数据发展

1.3 人工智能典型应用场景

随着人工智能技术的发展，现代几乎各种技术的发展都涉及了人工智能技术。从衣食住行到金融、医疗、艺术、农业，人工智能正无时无刻地改变我们的社会和经济形态，其典型的应用包括以下内容。

1. 智能家居

人工智能在智能家居的应用主要在智能家电、家居智能控制平台、绿色家居、家庭安全和应用、家居机器人等方面，主要基于物联网技术，由硬件（智能家电、智能硬件、安防控制设备等）、软件系统、云计算平台构成了一个家居生态圈。

智能家居的运用范围非常广泛，比如智能扫地机器人、智能冰箱、智能空调等。智能家电使居住者能够便捷地控制室内的门、窗和各种家用电子设备。如美国初创公司 Mayfield Robotics 发布的家居机器人 Kuri，它能通过表情、眨眼、转动头部及声音回应主人，实现家居陪护、聊天的功能。未来，智能家居的发展趋势会形成智能管家，协助完成家政工作、家庭陪护以及家庭安防等。智能电源开关如图 1-10 所示。

图 1-10　智能电源开关

2. 零售行业

人工智能在零售领域的应用已经十分广泛，如无人便利店、智慧供应链、客流统计等。

京东自主研发的无人仓采用大量智能物流机器人进行协同与配合，通过人工智能、深度学习、图像智能识别、大数据应用等技术，让工业机器人可以进行自主判断，完成各种复杂的任务，在商品分拣、运输、出库等环节实现自动化。无人仓及无人分拣如图 1-11 所示。

图 1-11　京东无人仓及无人分拣

3. 医疗

随着生活水平的提高、人口老龄化的加剧，人们对医疗条件的要求也越来越高。利用人工智能短时间内获取、分析大量资料的优势，可以帮助医生诊断疑难杂症，解决当前医疗面临的痛点问题。

人工智能技术在医疗服务应用上，可以用于辅助诊疗、疾病预测、医疗影像辅助诊断、智能诊疗等方面。例如手术机器人系统——达·芬奇手术系统是一个有三个机械手臂的机器人，它负责对病人进行手术，机械手臂比人还灵活，且其可附带摄像机进入人体内进行手术。目前全世界共装配了3000多台达·芬奇机器人，已完成了300万例手术。智能手术机器人与智能护理如图1-12所示。

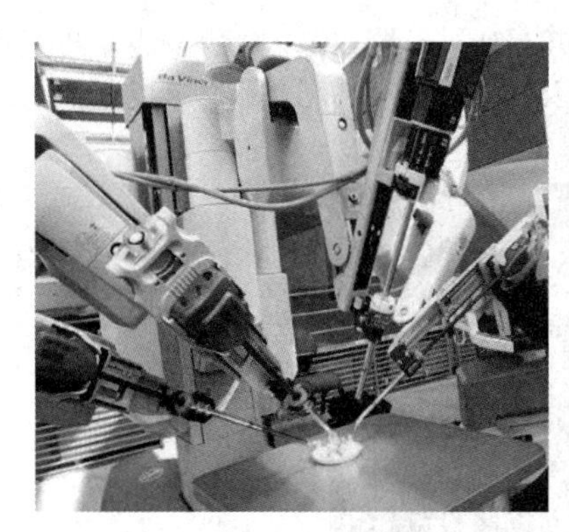
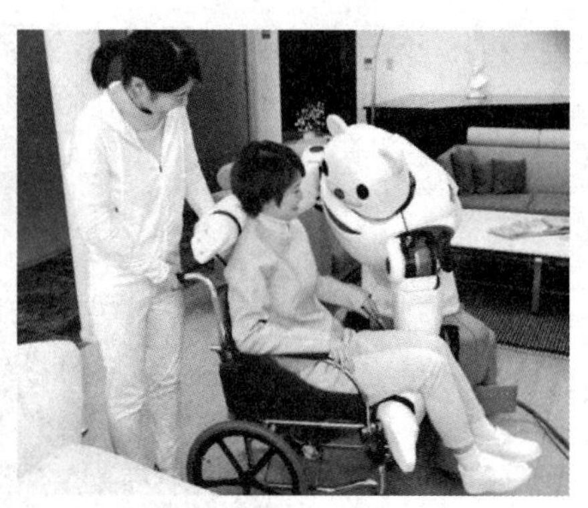

图1-12 智能手术机器人与智能护理

4. 金融

人工智能在金融领域的应用方兴未艾。传统金融领域有两大特点：第一是拥有海量数据，第二是存在较多重复、简单操作及数据分析工作。这两大特点非常适合利用人工智能进行发展和完善。

比如银行运营、投资理财、信贷、保险和监管等业务场景，人工智能可提供智慧银行、智能投顾、智能信贷、智能保险和智能监管等应用服务，对提升用户体验和服务效率都有非常显著的效果。

（1）智能身份识别。身份认证主要通过人脸识别、指纹识别、声纹识别、虹膜识别等生物识别技术快速提取客户特征。金融机构对远程身份识别、远程获客需求日益增加，而人脸信息由于易于采集、较难复制和盗取、自然直观等优势，在金融行业中的应用不断增加。比如目前在银行开户验证客户信息时，需要客户进行面部拍照，通过人脸识别系统进行身份验证。

（2）智能风控。人工智能在智能风控领域的运用流程包括数据收集、行为建模、用户画像及风险定价，通过对海量数据进行算法分析，确定贷款风险。

5. 交通

随着人工智能、大数据时代的来临，智慧交通的应用场景也越来越广阔，交通运输行业也在进行着智能化的升级。人工智能思维的智能交通，具备全面感知、全局决策、实时控制的特点，可以大幅度提升城市交通效率。

在出行方面，无人驾驶、智能交互、疲劳检测等人工智能技术将逐渐改变我们的出行方式；在城市道路建设方面，人工智能、物联网、边缘计算等技术也在逐渐改变城市道路体验。无人驾驶汽车如图 1-13 所示。

图 1-13　无人驾驶汽车

6. 教育

人工智能与教育的结合将在多方面改变教学的方法和形式。“AI+教育”将更看重个性化的重要性，根据学员用户的画像提供个性化课程，从数据意义上实现因材施教。机器学习、虚拟现实、实时感知等将改变学生接收知识的方式。

（1）自适应学习（Adaptive Learning）。在所有教育领域的智能化技术应用场景中，最典型的一个就是自适应学习。自适应学习致力于通过计算机手段检测学生当前的学习水平和状态，并相应地调整后面的学习内容和路径，帮助学生提升学习效率。自适应学习的运作过程是这样的：搜集学生学习数据，预测学生未来表现，智能化推荐最适合学生的内容，最终高效、显著地提升学习效果。

（2）虚拟教学。增强现实/虚拟现实（AR/VR）也是一种得以普遍应用的智能化技术。AR/VR 在教育领域的应用中最大的贡献是虚拟教学场景的呈现。AR 技术很好地匹配了情景教学和建构主义教育思想，比如虚拟场景培训、AR 图书、AR 游戏学习、AR 建模等。尤其是在职业教育领域，比如医疗和建筑等领域的技能培训，AR 技术已经有了比较深入的应用。

（3）自动答疑。人工智能技术与教育可以从多个维度进行结合，比如构建和优化内容模型，建立知识图谱，让用户可以更容易地、更准确地发现适合自己的内容，还可以落地在自动化辅导和答疑子领域，这也成为了教师面授外的有效补充。语音识别、图像识别、手写识别、语音分析等技术的发展，让机器模拟人来答疑、服务成为可能。

7. 工业

工业是实体经济的主体，与民生关系最为紧要。在人工智能时代，智能技术的发展在提高生产效率和产品品质方面发挥了巨大作用。人工智能在工业领域的应用案例非常多，包括产品缺陷检测、智能生产机器人、数字排产等。

（1）工业视觉。人工智能中的机器视觉、图像处理、模式识别/机器学习等相关人工智能技术已经深深融入到工业的许多方面。配合传感器或机器人等不同的载体，计算机视觉能够辅助生产流程中需求“感知”的任务。例如视觉分拣配合机械设备完成更精准的定位，识别和分拣对象；在质检方面视觉检测取代人力对产品进行质量检测；基于人工智能和物联网技术，通过在工厂各个设备上加装的传感器，故障预测平台可利用传感器采集前端设备的各项数据，然后利用预测性分析技术以及机器学习技术提供产品预测性诊断。

（2）工业机器人。通过搭载机器学习算法、路径规划等技术，工业机器人能够实现高精度和更加复杂的操作。相比于传统工业设备只能适应单一类型的产品，搭载人工智能的设备能够适应不同的工作环境和加工对象，更容易实现柔性生产。

1.4 人工智能研究领域

自达特茅斯会议上提出了“人工智能”的概念，人工智能研究领域不断扩大，主要包括专家系统（Expert System）、计算机视觉（Computer Vision）、自然语言处理（NLP，Natural Language Processing）、推荐系统（Recommender Systems）、知识表现（Knowledge Representation）、智能搜索（Intelligent Search）、机器学习（Machine Learning）、机器翻译（Machine Translation）等方向，如图 1-14 所示。

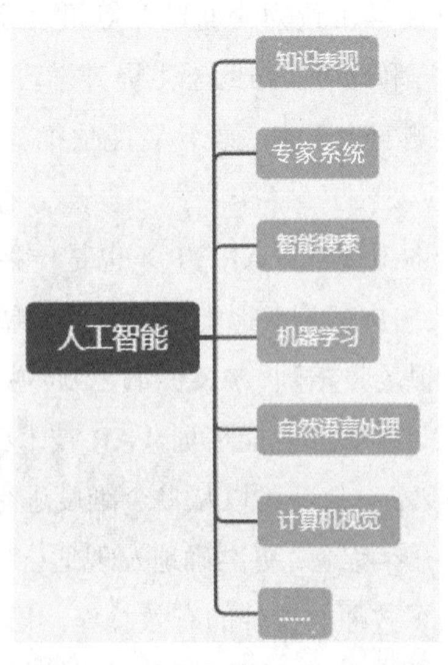

图 1-14 人工智能主要研究领域

1. 机器学习

机器学习主要研究机器如何模拟或实现人类的学习行为，机器通过统计学方法，利用已有数据自我学习，自动获取新的知识或技能，重新组织已有的知识结构使之不断改善性能。

机器学习是实现人工智能的一种方法，是人工智能技术的核心。机器学习目前主要是基于数据的机器学习；算法、运算能力及数据基础是机器学习的核心要素。

机器学习根据学习模式、学习方法以及算法的不同，存在不同的分类方法。根据学习模式将机器学习分类为监督学习、无监督学习和强化学习等。根据学习方法可以将机器学习分为传统机器学习和深度学习。

2. 自然语言处理

自然语言处理是计算机科学领域与人工智能领域中的一个重要方向，研究能实现人与计算机之间用自然语言进行有效通信的各种理论和方法，其涉及的领域较多，主要包括自然语言交互、自然语言理解、语义理解、机器翻译、文本挖掘（语义分析、语义计算、分类、聚类）、信息提取、人机交互等。

3. 机器翻译

机器翻译技术是指利用计算机技术实现从一种自然语言到另外一种自然语言的翻译过程。基于统计的机器翻译方法突破了之前基于规则和实例翻译方法的局限性，翻译性能取得巨大提升。基于深度神经网络的机器翻译在日常口语等一些场景的成功应用已经显现出了巨大的潜力。随着上下文的语境表征和知识逻辑推理能力的发展，自然语言知识图谱不断扩充，机器翻译将会在多轮对话翻译及篇章翻译等领域取得更大进展。

4. 计算机视觉

计算机视觉是使用计算机模仿人类视觉系统的科学，让计算机拥有类似人类提取、处理、理解和分析图像以及图像序列的能力。自动驾驶、机器人、智能医疗等领域均需要通过计算机视觉技术，从视觉信号中提取并处理信息。近年来随着深度学习的发展，预处理、特征提取与算法处理渐渐融合，形成端到端的人工智能算法技术。根据解决的问题，计算机视觉可分为计算成像学、图像理解、三维视觉、动态视觉和视频编解码五大类。

计算机视觉主要应用在生物识别（人脸识别、虹膜识别、指纹识别、静脉识别）、情感计算、情绪识别、表情识别、行为识别、手势识别、人体识别、视频内容识别、物体和场景识别、光学字符识别（OCR）、手写识别、文字识别、图像处理、图像识别、模式识别、眼球追踪、人机交互、同步定位与建图（SLAM）、移动视觉、空间识别、三维扫描、三维重建等方面。

本章小结

本章主要介绍了人工智能的基本概念、发展历史以及应用场景。

（1）人工智能是研究、开发用于模拟、延伸和扩展人的智能的理论、方法、技术及应用系统的一门新的技术科学。

（2）人工智能的发展经历了起步期、第一个快速发展期、第一个低谷期、探索与复苏期、腾飞期等几个时期，每个时期都不同程度地促进了人工智能的发展和进步。

（3）人工智能在人类生活中的应用介绍。

本章习题

一、填空题

1．被尊称为现代计算机之父和人工智能之父的是________。

2．________被广泛认为是人工智能诞生的标志，从此开启了人工智能的发展道路。

3．如果一台机器能够与人类开展对话而不能被辨别出机器身份，那么这台机器就具有智能。这就是著名的________。

二、选择题

1．以下哪一个名字与人工智能没有关系？（　　）

A．沃伦·麦克洛克　　B．艾伦·图灵

C．马文·明斯基　　D．威廉·冯特

2．以下哪个名词与人工智能无关？（　　）

A．杨辉三角　　B．数据　　C．算法　　D．算力

三、简答题

1．什么是人工智能？

2．简要归纳人工智能的研究方向。

3．请搜集自己身边的人工智能技术应用案例。

第 2 章　人工智能数值计算

2016 年，IT 行业最轰动的事件就是 AlphaGo 围棋软件挑战世界围棋冠军李世石。最终 AlphaGo 以 4 比 1 的总比分取得了胜利。

在围棋比赛中，其核心有两部分：博弈搜索和局面评估。其中博弈搜索是对下一步棋向后分叉搜索，形成一颗搜索树形结构，被称为博弈树。最简单的搜索法被称为暴力搜索法（Brute force）或者 A（Alpha、阿尔法）方法，这种方法全面生成所有可能的招法，并选择最优的一个，也就是尽可能对博弈树穷尽搜索。博弈搜索的数学理论基础就是博弈论。

本章要点

- 了解人工智能数学基础。
- 回顾线性代数基本知识。
- 回顾概率统计基本知识。
- 了解 NumPy。

数学基础知识蕴含着处理智能问题的基本思想与方法，是理解人工智能复杂算法的要素。人工智能技术归根到底是建立在数学模型之上的，要了解人工智能，首先要掌握必备的数学基础知识。

2.1 线性代数

线性代数是研究机器学习的重要数学基础，生活中的万事万物都可以被抽象成某些特征组合；而线性代数的本质在于将具体事物的特征组合抽象为数学对象并对其特性加以描述。

2.1.1 概念和符号

1．行列式

线性代数可以对一组线性方程简洁地进行表示和运算。对于方程组

$$\begin{cases} a_{11}x_1 + a_{12}x_2 = b_1 \\ a_{21}x_1 + a_{22}x_2 = b_2 \end{cases}$$

可以简洁地表示为

$$Ax = b$$

其中

$$A = \begin{vmatrix} a_{11} & a_{12} \\ a_{21} & a_{22} \end{vmatrix}，\quad b = \begin{vmatrix} b_1 \\ b_2 \end{vmatrix}$$

$A = \begin{vmatrix} a_{11} & a_{12} \\ a_{21} & a_{22} \end{vmatrix}$称为二阶行列式，二阶行列式中的数 a_{ij}（$i = 1,2; j = 1,2$）称为行列式的元素或元。

如果 $A = \begin{vmatrix} a_{11} & a_{12} & a_{13} \\ a_{21} & a_{22} & a_{23} \\ a_{31} & a_{32} & a_{33} \end{vmatrix}$ 称为三阶行列式，类似地，如果排成 n 行 n 列，称为 n 阶行列式，表示为

$$D = \begin{vmatrix} a_{11} & a_{12} & \cdots & a_{1n} \\ a_{21} & a_{22} & \cdots & a_{2n} \\ \vdots & \vdots & & \vdots \\ a_{m1} & a_{m2} & \cdots & a_{mn} \end{vmatrix}$$

对于任何行列式 D，横排称为行，竖排称为列，其中 a_{ij} 中的 i 称为行标，j 称为列标，行列式 D 中 a_{ij} 表示第 i 行第 j 列的元素，称为第（i，j）元素或元。

行列式是线性代数的一个重要组成部分，主要为求解线性方程组而引入，是研究线性方程组、矩阵、特征多项式的重要工具。

2．矩阵

当由 $m \times n$ 个数 a_{ij}（$i = 1,2,\cdots,m$；$j = 1,2,\cdots,n$）排成 m 行 n 列的数表

$$\begin{matrix} a_{11} & a_{12} & \cdots & a_{1n} \\ a_{21} & a_{22} & \cdots & a_{2n} \\ \vdots & \vdots & & \vdots \\ a_{m1} & a_{m2} & \cdots & a_{mn} \end{matrix}$$

称为 m 行 n 列矩阵，简称 $m \times n$ 矩阵。数表用方括弧括住，使用大写字母表示，记作

$$\boldsymbol{A} = \begin{pmatrix} a_{11} & a_{12} & \cdots & a_{1n} \\ a_{21} & a_{22} & \cdots & a_{2n} \\ \vdots & \vdots & & \vdots \\ a_{m1} & a_{m2} & \cdots & a_{mn} \end{pmatrix}$$

其中 $m \times n$ 个数称为矩阵 $\boldsymbol{A}$ 的元素，a_{ij} 表示位于矩阵 $\boldsymbol{A}$ 的第 i 行第 j 列元素，通常记作

$$\boldsymbol{A} = \boldsymbol{A}_{m \times n} = (a_{ij})_{m \times n} = (a_{ij})$$

矩阵中有一些特别的情况：

（1）行数和列数都等于 n 的矩阵称为 n 阶矩阵或 n 阶方阵，记作 $\boldsymbol{A}_n$。

（2）行矩阵。当一个矩阵只有一行时，称为行矩阵（行向量），即

$$\boldsymbol{A} = (a_1 \ \ a_2 \ \ \cdots \ \ a_n)$$

（3）相应地，只有一列的矩阵称为列矩阵（列向量），即

$$\boldsymbol{B} = \begin{pmatrix} b_1 \\ b_2 \\ \vdots \\ b_m \end{pmatrix}$$

（4）零矩阵。元素全部为 0 的矩阵称为零矩阵，可记为 $\boldsymbol{O}$，例如：

$$\boldsymbol{O}_{2\times 2} = \begin{pmatrix} 0 & 0 \\ 0 & 0 \end{pmatrix} \quad \boldsymbol{O}_{1\times 1} = (0 \ \ 0 \ \ 0 \ \ 0)$$

（5）对角阵。对角阵一定是方阵形式，对角阵是除了对角线上的元素外，其余元素均为 0 的方阵，例如：

$$\begin{pmatrix} \lambda_1 & 0 & \cdots & 0 \\ 0 & \lambda_2 & \cdots & 0 \\ \cdots & \cdots & \cdots & \cdots \\ 0 & 0 & \cdots & \lambda_n \end{pmatrix}$$

特别地，当对角线上的元素全部为 1 时，称为单位矩阵，形式为

$$\begin{pmatrix} 1 & 0 & \cdots & 0 \\ 0 & 1 & \cdots & 0 \\ \cdots & \cdots & \cdots & \cdots \\ 0 & 0 & \cdots & 1 \end{pmatrix}$$

（6）同型矩阵，如果两个矩阵行数相等，列数也相等，称为同型矩阵。

（7）相等矩阵，如果两个矩阵 $\boldsymbol{A}=(a_{ij})$和 $\boldsymbol{B}=(b_{ij})$为同型矩阵（其中 $i=1,2,\cdots,m$；$j=1,2,\cdots,n$），而且其相对应元素相等，即 $a_{ij}=b_{ij}$（$i=1,2,\cdots,m$；$j=1,2,\cdots,n$），则称矩阵 $\boldsymbol{A}$ 和矩阵 $\boldsymbol{B}$ 相等，记作 $\boldsymbol{A}=\boldsymbol{B}$。

2.1.2 矩阵基本运算

1. 矩阵加法

定义：当有两个 $m\times n$ 的矩阵 $\boldsymbol{A}=(a_{ij})$ 和 $\boldsymbol{B}=(b_{ij})$，则 $\boldsymbol{A}$ 矩阵与 $\boldsymbol{B}$ 矩阵的和记作 $\boldsymbol{A}+\boldsymbol{B}$，并规定 $\boldsymbol{A}+\boldsymbol{B}$ 的各元素为矩阵 $\boldsymbol{A}$ 和矩阵 $\boldsymbol{B}$ 各对应元素之和，即 $a_{ij}+b_{ij}$。

$$\boldsymbol{A}+\boldsymbol{B}=\begin{pmatrix} a_{11}+b_{11} & a_{12}+b_{12} & \cdots & a_{1n}+b_{1n} \\ a_{21}+b_{21} & a_{22}+b_{22} & \cdots & a_{2n}+b_{2n} \\ \vdots & \vdots & & \vdots \\ a_{m1}+b_{m1} & a_{m2}+b_{m2} & \cdots & a_{mn}+b_{mn} \end{pmatrix}$$

注意：只有两个矩阵是同型矩阵，才能相加。

矩阵加法运算具有如下规律：

交换律

$$\boldsymbol{A}+\boldsymbol{B}=\boldsymbol{B}+\boldsymbol{A}$$

结合律

$$\boldsymbol{A}+(\boldsymbol{B}+\boldsymbol{C})=(\boldsymbol{A}+\boldsymbol{B})+\boldsymbol{C}$$

2. 数与矩阵乘法

定义：一个数 λ 与矩阵 $\boldsymbol{A}$ 相乘记作 $\lambda\boldsymbol{A}$。规定其运算为

$$\lambda\boldsymbol{A}=\boldsymbol{A}\lambda=\begin{pmatrix} \lambda a_{11} & \lambda a_{12} & \cdots & \lambda a_{1n} \\ \lambda a_{21} & \lambda a_{22} & \cdots & \lambda a_{2n} \\ \vdots & \vdots & & \vdots \\ \lambda a_{m1} & \lambda a_{m2} & \cdots & \lambda a_{mn} \end{pmatrix}$$

数与矩阵乘法规律：

分配律

$$(\lambda+\mu)\boldsymbol{A}=\lambda\boldsymbol{A}+\mu\boldsymbol{A}\text{，}\lambda(\boldsymbol{A}+\boldsymbol{B})=\lambda\boldsymbol{A}+\lambda\boldsymbol{B}$$

结合律

$$(\lambda\mu)\boldsymbol{A}=\lambda(\mu\boldsymbol{A})$$

矩阵加法运算及数与矩阵乘法运算统称为线性运算。

3. 矩阵乘法

定义：当有矩阵 $\boldsymbol{A}_{m\times k}$（$m$ 行 k 列）和矩阵 $\boldsymbol{B}_{k\times n}$（$k$ 行 n 列），$\boldsymbol{A}_{m\times k}$ 与 $\boldsymbol{B}_{k\times n}$ 的矩阵相乘的乘

积为 $m \times n$ 的矩阵，记作

$$\boldsymbol{C}_{m\times n} = \boldsymbol{A}_{m\times k}\boldsymbol{B}_{k\times n}$$

结果 $\boldsymbol{C}$ 矩阵具有如下特征：

（1）$\boldsymbol{C}$ 矩阵的行数与 $\boldsymbol{A}$ 矩阵相同，列数与 $\boldsymbol{B}$ 矩阵相同。

（2）$\boldsymbol{C}$ 的第 i 行第 j 列的元素 c_{ij} 是由 $\boldsymbol{A}$ 的第 i 行元素与 $\boldsymbol{B}$ 的第 j 列元素对应相乘，再将乘积相加之和。

注意：

（1）只有第一个矩阵（乘号左边矩阵）的列数与第二个矩阵（乘号右边矩阵）的行数相等，才能进行矩阵相乘。

（2）在矩阵乘法中，必须注意相乘矩阵的顺序，$\boldsymbol{AB}$ 成立，不一定 $\boldsymbol{BA}$ 成立，如矩阵 $\boldsymbol{A}_{3\times 2}$ 与矩阵 $\boldsymbol{B}_{2\times 4}$ 相乘，得到的矩阵是 $\boldsymbol{C}_{3\times 4}$，反过来，$\boldsymbol{BA}$ 却不成立。

（3）即使 $\boldsymbol{AB}$ 与 $\boldsymbol{BA}$ 均成立，但是 $\boldsymbol{AB}$ 也不一定等于 $\boldsymbol{BA}$。

内积：当行向量（行矩阵）与列向量（列矩阵）相乘，称为向量乘法，也称为内积，乘积是一个数。内积是矩阵乘法的特例。内积的行向量和列向量的元素个数必须相等。

$$(a_1, a_2, \cdots, a_n)\begin{pmatrix} b_1 \\ b_2 \\ \vdots \\ b_n \end{pmatrix} = \sum_{i=1}^{n} a_i b_i = c$$

外积：当一个列向量与一个行向量相乘，称为外积，对于外积，列向量和行向量的元素个数不一定相等。

$$\begin{pmatrix} a_1 \\ a_2 \\ \vdots \\ a_m \end{pmatrix}(b_1, b_2, \cdots, b_n) = \begin{pmatrix} a_1b_1 & a_1b_2 & \cdots & a_1b_n \\ a_2b_1 & a_2b_2 & \cdots & a_2b_n \\ \vdots & \vdots & & \vdots \\ a_mb_1 & a_mb_2 & \cdots & a_mb_n \end{pmatrix}$$

外积的乘积是 $m \times n$ 的矩阵，其中 m 是列向量的行，n 是行向量的列数。

矩阵乘法规律（假设运算可行）：

结合律

$$(\boldsymbol{AB})\boldsymbol{C} = \boldsymbol{A}(\boldsymbol{BC})$$

分配率

$$\boldsymbol{A}(\boldsymbol{B}+\boldsymbol{C}) = \boldsymbol{AB}+\boldsymbol{AC}，(\boldsymbol{B}+\boldsymbol{C})\boldsymbol{A} = \boldsymbol{BA}+\boldsymbol{CA}，$$

2.1.3 矩阵计算例子

例 1：求矩阵 $\boldsymbol{A}=\begin{pmatrix}1&0&3\\2&1&0\end{pmatrix}$ 与 $\boldsymbol{B}=\begin{pmatrix}1&0\\1&3\\0&1\end{pmatrix}$ 的乘积。

分析：$\boldsymbol{A}$ 矩阵是一个 2×3 的一个矩阵，$\boldsymbol{B}$ 是一个 3×2 的矩阵，其乘积是一个 2×2 的矩阵

$$\begin{pmatrix}1&0&3\\2&1&0\end{pmatrix}\begin{pmatrix}1&0\\1&3\\0&1\end{pmatrix}=\begin{pmatrix}1\times1+0\times1+3\times0 & 1\times0+0\times3+3\times1\\2\times1+1\times1+0\times0 & 2\times0+1\times3+0\times1\end{pmatrix}=\begin{pmatrix}1&3\\3&3\end{pmatrix}$$

例 2：求矩阵 $\boldsymbol{A}=\begin{pmatrix}3&2\\5&7\end{pmatrix}$ 与 $\boldsymbol{B}=\begin{pmatrix}4&1\\2&6\end{pmatrix}$ 的乘积 $\boldsymbol{AB}$ 和 $\boldsymbol{BA}$。

根据矩阵乘法，有

$$\boldsymbol{AB}=\begin{pmatrix}3&2\\5&7\end{pmatrix}\begin{pmatrix}4&1\\2&6\end{pmatrix}=\begin{pmatrix}16&15\\34&47\end{pmatrix}$$

$$\boldsymbol{BA}=\begin{pmatrix}4&1\\2&6\end{pmatrix}\begin{pmatrix}3&2\\5&7\end{pmatrix}=\begin{pmatrix}17&15\\36&46\end{pmatrix}$$

从本例中可以看出，矩阵 $\boldsymbol{AB}\neq\boldsymbol{BA}$。

例 3：求向量的内积和外积。

① $\boldsymbol{A}=(1\quad 2\quad 3)$ 与 $\boldsymbol{B}=\begin{pmatrix}3\\2\\1\end{pmatrix}$ 内积

$$\boldsymbol{AB}=(1\quad 2\quad 3)\begin{pmatrix}3\\2\\1\end{pmatrix}=10$$

② $\boldsymbol{A}=(1\quad 2\quad 3)$ 与 $\boldsymbol{B}=\begin{pmatrix}3\\2\\1\end{pmatrix}$ 外积

$$\boldsymbol{BA}=\begin{pmatrix}3\\2\\1\end{pmatrix}(1\quad 2\quad 3)=\begin{pmatrix}3&6&9\\2&4&6\\1&2&3\end{pmatrix}$$

2.1.4 矩阵的转置

定义：将矩阵 $\boldsymbol{A}$ 的行换成相同序号列所得到的新矩阵称为矩阵 $\boldsymbol{A}$ 的转置矩阵，记作 $\boldsymbol{A}'$ 或 $\boldsymbol{A}^{\mathrm{T}}$。

一个 $m \times n$ 的矩阵经转置运算后，得到的是一个 $n \times m$ 的矩阵。

例如：矩阵$\begin{bmatrix} 1 & 0 \\ 2 & 3 \\ 5 & 4 \end{bmatrix}$的转置矩阵为$\begin{bmatrix} 1 & 2 & 5 \\ 0 & 3 & 4 \end{bmatrix}$。

（1）运算性质（假设运算可行）：

1）$(\boldsymbol{A}')' = \boldsymbol{A}$

2）$(\boldsymbol{A}+\boldsymbol{B})' = \boldsymbol{A}'+\boldsymbol{B}'$

3）$(\boldsymbol{AB})' = \boldsymbol{B}'\boldsymbol{A}'$

4）$(\lambda\boldsymbol{A})' = \lambda\boldsymbol{A}'$，其中 λ 是常数。

（2）举例运算。

例如：已知矩阵 $\boldsymbol{A} = \begin{bmatrix} 2 & 0 & -1 \\ 1 & 3 & 2 \end{bmatrix}$，$\boldsymbol{B} = \begin{bmatrix} 1 & -1 \\ 2 & 0 \\ 0 & 1 \end{bmatrix}$，求$(\boldsymbol{AB})'$。

解法 1：先乘积后转置

$$\boldsymbol{AB} = \begin{bmatrix} 2 & 0 & -1 \\ 1 & 3 & 2 \end{bmatrix}\begin{bmatrix} 1 & -1 \\ 2 & 0 \\ 0 & 1 \end{bmatrix} = \begin{bmatrix} 2 & -3 \\ 7 & 1 \end{bmatrix}，\quad (\boldsymbol{AB})' = \begin{bmatrix} 2 & 7 \\ -3 & 1 \end{bmatrix}$$

解法 2：利用运算性质 3），先转置后计算

$$(\boldsymbol{AB})' = \boldsymbol{B}'\boldsymbol{A}' = \begin{bmatrix} 1 & 2 & 0 \\ -1 & 0 & 1 \end{bmatrix}\begin{bmatrix} 2 & 1 \\ 0 & 3 \\ -1 & 2 \end{bmatrix} = \begin{bmatrix} 2 & 7 \\ -3 & 1 \end{bmatrix}$$

2.2 概率统计

数学上概率论主要是对不确定性问题的研究，是对事物不确定性的度量；在机器学习中，常常根据概率作出推理。机器学习算法就是对大量数据进行统计和分析，根据概率对数据作出分类和预测。

2.2.1 随机试验（E）

随机试验满足以下几个条件。

（1）可以在相同的条件下重复地进行。

（2）每次实验可能结果不止一个，并且事先明确知道实验的所有可能结果。

（3）每次试验将出现哪一个结果无法预知。

比如：将红色、蓝色、黄色的三个球放入盒子里，观察每次取出一个球的颜色情况，结

果可能有三种，每次取出球的颜色是无法预知的。

随机试验包括以下内容。

- 样本空间（Ω）：随机试验所有可能的结果组成的集合，如{红色、黄色、蓝色}。
- 样本点：样本空间中的不同元素，即每个可能结果，如红色等。
- 随机事件：随机试验的样本空间的子集称为随机事件。在一个随机事件里，我们知道可能的结果是什么，但是不知道哪一个特定的结果会发生；比如我们知道从暗箱中每次取圆球，可能的颜色是红色、黄色、蓝色，但具体的颜色是未知的。
- 基本事件：样本空间的单个元素，一个可能结果构成的集合，如{红色}，{黄色}，{蓝色}。

2.2.2 频率与概率

1. 频率

定义：在相同条件下，进行 n 次试验，在这 n 次试验中，事件 A 发生的次数，称为事件 A 发生的频数，比值 f= 频数/试验次数，称为事件 A 发生的频率。频率是试验真实事实的记录。

例如：从一个暗箱中每次取出圆球，记录圆球的颜色，然后将圆球放回暗箱，一共取了 100 次，其中取出红球的次数有 39 次。这样我们可以说在相同条件下取圆球 100 次，取出红球的频率是 39%。

频率 f 的基本性质：

（1）$0\leqslant f\leqslant 1$。

（2）$f(\Omega)=1$，Ω 表示所有事件。

（3）两两互不相融事件的可列可加性。

2. 概率

定义：设 E 是随机试验，样本空间为 Ω，对于 E 的每一个事件 A 赋予一个实数，记为 $P(A)$，称为 A 的概率。

概率是统计的一个基本概念，它是一个 0 到 1 之间的数字，是对随机事件发生可能性的测量，代表的是一个可能性值。

$$P(A)=\text{事件 } A \text{ 发生的概率可能性}\ (0\leqslant P(A)\leqslant 1)$$

概率的基本性质：

（1）非负性：$0\leqslant P(A)\leqslant 1$。

（2）正则性：$P(\Omega)=1$。

（3）可列可加性：对互不相容的事件 $A_1, A_2, A_3, \cdots$，有 $P(\cup A_i)=\sum P(A_i)$。

例如：如果一个暗箱中有红色和白色圆球各 50 个，这样一次取出红球的概率为 50%。

3. 等可能概率

设 E 是一个随机试验，满足以下条件：

（1）只有有限多个样本点。

（2）每个样本点发生的可能性相同（等可能性）。

这样的概率称为等可能概率。例如抛硬币实验，每次试验有两种可能（正，反），每种可能的概率均等。

4. 条件概率

定义：设有两个事件 A 和 B，$P(A)\neq 0$，在已知 A 事件发生的条件下 B 发生的概率，记为

$$P(B\mid A)=\frac{P(AB)}{P(A)}$$

读作“在 A 的条件下 B 的概率”，并满足概率的三个基本性质。

5. 独立概率

当事件 A 和事件 B 的发生相互影响，则称 A 与 B 是相关事件，否则称为独立事件。也就是若事件 B 发生或不发生对事件 A 不产生影响（反过来，事件 A 是否发生对事件 B 也没有影响），我们就说两个事件 A 和 B 互为独立事件。比如，两个暗箱中都有红色、蓝色、黄色的圆球，从一个暗箱中摸出红色球称为事件 A，从另一个暗箱中摸出红色球称为事件 B，很显然，事件 A 和事件 B 的概率没有关系。

独立概率计算公式：

$$P(A\mid B)=P(A)$$
$$P(B\mid A)=P(B)$$

可以推出对于两个独立事件同时发生概率的计算公式：

$$P(A\mid B)=P(AB)/P(B)$$
$$P(AB)=P(A)\times P(B)$$

6. 全概率

定义：如果 $B_1,B_2,\cdots,B_n$ 是 Ω 的一个完备事件组，即 $B_1\cup B_2\cup\cdots\cup B_n=\Omega$，且 $B_i\cap B_j=\varnothing$，$i\neq j$，$P(B_i)>0$，其中 $i=1,2,\cdots,n$，得到全概率公式为

$$\begin{aligned}P(A)&=P(A\Omega)=P(A\cap(B_1\cup B_2\ldots\cup B_n))=P(AB_1\cup AB_2\cup\ldots\cup AB_n)\\&=\sum_{i=1}^{n}P(B_i)P(A\mid B_i)\end{aligned}$$

注意：全概率需要将一个要求的事件（Ω）分解成若干个互不相容的事件（B_i）。

7. 概率分布

定义：随机试验（E）的概率分布就是列出样本空间（Ω）里的所有可能结果及其发生概率。

例如：一个学生连续两次参加英语四级考试，求他能通过考试的概率分布（假设每次考试通过率为 75%，两次通过率互为独立事件）。

两次考试通过与否样本空间 Ω 为

Ω= {1 通过&2 通过，1 通过&2 不通过，1 不通过&2 通过，1 不通过&2 不通过}，

其中 1 和 2 分别代表第 1 次和第 2 次考试。

他通过考试的概率分布如表 2-1 所示。

表 2-1 能否通过考试的概率分布

可能结果	概率分布
1 通过&2 通过	75%×75%=56%
1 通过&2 不通过	75%×25%=19%
1 不通过&2 通过	25%×75%=19%
1 不通过&2 不通过	25%×25%=6%

2.2.3 贝叶斯定理

贝叶斯定理，也称贝叶斯推理，是关于随机事件 A 和 B 的条件概率的定理。其中条件概率 $P(A|B)$ 是指在 B 发生的情况下 A 发生的可能性。

对于贝叶斯定理，需要了解下面几个概念。

（1）边缘概率（又称先验概率）：某个事件单独发生的概率。例如事件 A 和事件 B，事件 A 在事件 B 发生之前发生概率，称为 A 的先验概率，用 $P(A)$ 表示。也就是在还没有观测 B 发生的情况下，A 自身的概率。

（2）联合概率：表示两个事件共同发生的概率。A 与 B 的联合概率表示为 $P(A \cap B)$ 或者 $P(A,B)$。

（3）条件概率（又称后验概率）：事件 A 在另外一个事件 B 已经发生条件下的发生概率。也就是在事件 B 发生之后，对事件 A 的发生概率重新评估，称为 A 的后验概率或条件概率，表示为 $P(A|B)$，也就是在还有 B 发生的条件下，A 发生的概率，读作“在 B 条件下 A 的概率”。同样地，事件 A 发生之后，我们对事件 B 的发生概率重新评估，称为 B 的后验概率，用 $P(B|A)$ 表示。

（4）贝叶斯公式：利用先验概率计算后验概率的方法，称为“贝叶斯公式”，在事件 A 发生的情况下事件 B 发生的概率，公式如下：

$$P(B|A)=\frac{P(A|B)P(B)}{P(A)},P(A)=P(A|B)+P(A|\bar{B})$$

其中 $P(A)$ 使用了全概率公式

$$P(A)=P(A \cap (B_1 \cup B_2 \ldots \cup B_n))=\sum_{i=1}^{n} P(B_i)P(A|B_i)$$

例如：如果有一种病，在病人检测结果呈现阳性后，求该病人患该病的概率。

这里，假设该病在人群中的发病率是 0.001，即 1000 人中大概会有 1 个人得病，则有 P(患病) = 0.1%。没有具体到某人做检验之前，我们预计的患病率为 P(患病)=0.1%，这个就叫作“先验概率”，也就是在实际应用中经验的总结、信息的归纳。

再假设现在有一种该病的检测方法，其检测的准确率为 95%，即如果真的得了这种病，该检测法有 95%的概率会检测出阳性，但也有 5%的概率检测出阴性；反过来说，如果没有得病，采用该方法有 95%的概率检测出阴性，但也有 5%的概率检测为阳性。用概率条件概率表示为 P(显示阳性|患病)=95%。

现在想知道的是：该病人在做完检测显示为阳性后，患该病概率 P(患病|显示阳性)其实就称为“后验概率”。

使用贝叶斯公式计算在做完检测显示为阳性后，该病人患病概率 P(患病|显示阳性)：

$$
\begin{aligned}
P(\text{患病}\mid\text{显示阳性}) &= \frac{P(\text{显示阳性}\mid\text{患病})P(\text{患病})}{P(\text{显示阳性})} \\
&= \frac{P(\text{显示阳性}\mid\text{患病})P(\text{患病})}{P(\text{显示阳性}\mid\text{患病})P(\text{患病}) + P(\text{显示阳性}\mid\text{无病})P(\text{无病})} \\
&= \frac{95\% \times 0.1\%}{95\% \times 0.1\% + 5\% \times 99.9\%} = 1.86\%
\end{aligned}
$$

贝叶斯公式是概率论中很重要的公式，也是基本的人工智能机器学习常用算法，在医学、市场预测以及工厂产品检查等方面应用广泛。

2.3 NumPy 软件包

NumPy（Numerical Python）是利用 Python 实现的科学计算基础软件包，是 Python 语言的一个扩展程序库，主要用于数组计算、存储和处理大型矩阵，是一个运行速度非常快的数学库。它提供了多维数组对象以及基于多维数组的各种运算与操作，包括数学、逻辑、统计、排序、I/O、矩阵运算、傅里叶变换和随机数生成等。NumPy 通常与稀疏矩阵运算包 SciPy（Scientific Python）、Matplotlib（绘图库）一起使用。这种组合广泛用于替代 MATLAB 的场合，是一个流行的技术计算平台，包含的内容有：

（1）一个强大的 n 维数组对象 ndarray，是 NumPy 核心对象。

（2）成熟的广播功能函数。

（3）用于整合 C/C++/Fortran 代码的工具。

（4）线性代数、傅里叶变换、随机数生成等。

NumPy 与 SciPy 的组合形成一个强大的科学计算环境，帮助用户通过 Python 学习数据科学或者进行机器学习。

2.3.1 NumPy 的优势

NumPy 软件包中提供了大量的库函数和操作，可以进行数值计算。这类数值计算广泛用于以下任务。

（1）机器学习：在编写机器学习算法时，需要对矩阵进行各种数值计算。例如矩阵乘法、换位、加法等。NumPy 提供了一个非常好的库，用于简单（在编写代码方面）和快速（在速度方面）计算。NumPy 数组多用于存储训练数据和机器学习模型的参数。

（2）图像处理和计算机图形学：计算机中的图像表示为多维数字数组。NumPy 提供了一些优秀的库函数来快速处理图像，例如镜像图像、按特定角度旋转图像等。

（3）数学任务：NumPy 对于执行各种数学任务非常有用，如数值积分、微分、内插、外推等。因此，当涉及数学任务时，它形成了一种基于 Python 的 MATLAB 的快速替代。

NumPy 的优点：

（1）对于数值计算任务快捷方便，使用 NumPy 要比直接编写 Python 代码便捷方便。

（2）NumPy 中的数组的存储效率和输入输出性能均远远优于 Python 中等价的基本数据结构，且其能够提升的性能是与数组中的元素成比例的。

（3）NumPy 的大部分代码都是用 C 语言写的，这使得 NumPy 比纯 Python 代码更高效。

2.3.2 NumPy 安装

NumPy 的软件包可以从官方网站 http://www.numpy.org 直接获得。也可以使用 Python 的 pip 来安装。使用 pip 安装的方法非常简单，只需要在命令行窗口输入“pip install numpy”即可。

（1）使用 pip 可以安装、更新或者删除任何官方包，推荐命令如下：

```
python -m pip install — user numpy scipy matplotlib ipython jupyter pandas sympy nose
```

（2）如果是为了科学计算的目的，提高计算效率，推荐安装与操作系统匹配的二进制软件包。安装包下载界面如图 2-1 所示。

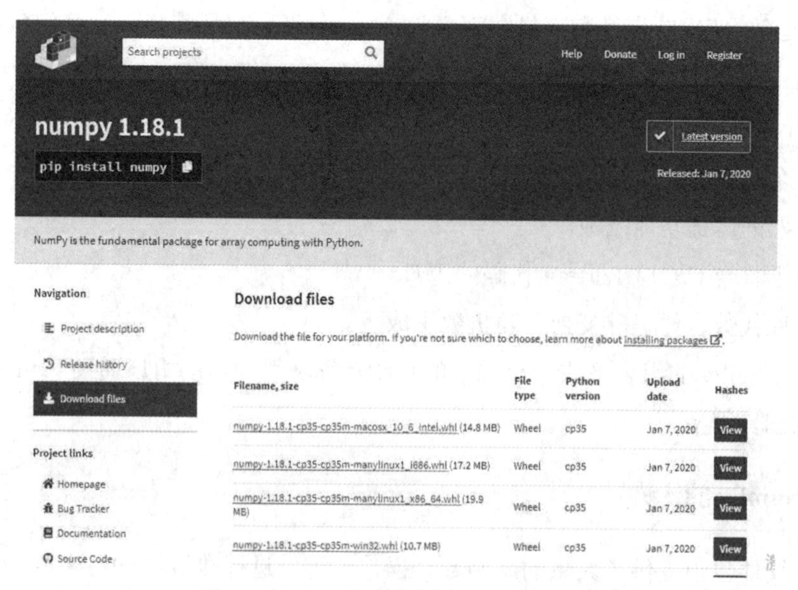

图 2-1 NumPy 二进制安装包下载界面

（3）安装好 NumPy 之后，可以在 Python 环境中运行下面的测试代码，如果能够正常运行，表示 NumPy 已经安装好了。

```
import numpy as np
arr1=np.array([1,2,3,4])
print(arr1)
```

输出结果：

```
[1 2 3 4]
```

2.4 NumPy 函数

NumPy 中包含大量的数学运算操作，如三角函数、矩阵函数、线性代数函数等，常用的基本数据操作功能如下：

（1）数组的算术和逻辑运算。

（2）傅里叶变换和用于图形操作的例程。

（3）与线性代数有关的操作，NumPy 拥有线性代数和随机数生成的内置函数。

2.4.1 NumPy 中的数组对象

NumPy 的数组类对象被称为 ndarray，是一个 *n* 维的数组，别名为 array，数组中所有元素类型都相同，并通过正整数元组索引。

ndarray 数组对象的维数称为秩（rank），一维数组的秩为 1，二维数组的秩为 2，以此类推。

ndarray 数组对象的每一个维度称为 axis（轴）。当 axis 为 0 时，指定对各列进行相应操作；axis 为 1 时，指定对各行进行相应操作；不指定 axis 参数或 axis 为 none 时，指定对整个数组进行相应操作。axis 的数目就是秩。

创建一个 ndarray 对象可以使用 NumPy 提供的 array 函数。例如，创建一维数组[1,3,5]，代码如下：

```
import numpy as np      #导入 NumPy 包
a=np.array([1,3,5])     #将数组赋值给 a 变量
print（a）
```

输出结果：

```
[1,3,5]
```

ndarray 对象常见的属性见表 2-2。

表 2-2　ndarray 对象常见属性

属性	说明	举例（数组 a=[[2,10],[3,4]]）
ndim	数组的维数（即数组轴的个数），等于秩	a.ndim，结果为 2
shape	数组的维度，是一个表示数组在每个维度上大小的整数元组	a.shape，结果为[2,2]

续表

属性	说明	举例（数组 a=[[2,10],[3,4]]）
size	数组元素的总个数，等于 shape 属性中元组元素的乘积	a.size，结果为 4
dype	表示数组中元素的数据类型	a.dtype，结果为 int32
itemsize	数组中每个元素的字节大小，例如，一个元素类型为 float64 的数组 itemsize 属性值为 8	a.itemsize，结果为 4

2.4.2 常用算术函数

NumPy 中提供了许多常见的算术运算方法，如简单的加减乘除：add()、subtract()、multiply() 和 divide()。

注意： NumPy 的算术方法都是可以对数组进行操作的，对数组进行操作时会对数组内的每个元素进行计算。

例如，对二维数组[[1,2,3],[4,5,6],[7,8,9]]为例进行简单的算术操作。

```
import numpy as np                      #导入 NumPy 包
a=np.array([[1,2,3],[4,5,6], [7,8,9]])  #将要计算的数组赋值给 a 变量
```

（1）绝对值函数 absolute。absolute 函数用于对数据求绝对值，如果是数组，则对该数组所有元素去绝对值，例如：

```
b= np.absolute(a)
print(b)
```

输出结果：

```
array[[1,2,3],
      [4,5,6],
       [7,8,9]]
```

（2）求相反数函数 negative。negative 函数用来取数组中所有元素的相反数，例如：

```
b= np.negative(a)
print(b)
```

输出结果：

```
array[[-1,-2,-3],
      [-4,-5,-6],
      [-7,-8,-9]]
```

（3）求和函数 add。add 函数用来计算两个数组相应位置元素的和，例如：

求数组[6,5,4]和数组[4,5,6]相加之和。

```
import numpy as np          #导入 NumPy 包
a=np.array([6,5,4])         #将要计算的数组赋值给 a，b 变量
b=np.array([4,5,6])
print(np.add(a,b))
```

输出结果：

```
array[10,10,10]
```

（4）求差值函数 substract。substract 函数用来计算两个数组相应位置元素的差值。例如：

```
import numpy as np
a=np.array([6,5,4])
b=np.array([4,5,6])
print(np.substract(a,b))
```

输出结果：

```
array[2,0,-2]
```

（5）求数组乘法运算函数 multiply。multiply 函数用来计算两个数组相应位置元素的乘积。例如：

```
import numpy as np
a=np.array([6,5,4])
b=np.array([4,5,6])
print(np.multiply(a,b))
```

输出结果：

```
array[24,25,24]
```

（6）求数组除法运算函数 divide。divide 函数用来计算两个数组相应位置元素的商。例如：

```
import numpy as np
a=np.array([6,5,4])
b=np.array([4,5,6])
print(np.divide(a,b))
```

输出结果：

```
array[1.5,1,0.67]
```

2.4.3 常用数学统计函数

NumPy 中提供了常用的数学统计函数，通过这些统计函数可以很容易求得常用的最大值、最小值、分位数、均值方差等。示例代码如下：

```
import numpy as np                          #导入 NumPy 包
a=np.array([[1,2,3],[4,5,6], [7,8,9]])      #将要计算的数组赋值给 a 变量
```

（1）求最小值 amin()函数。amin()方法用于计算最小值，通过指定 axis 参数确定是计算每一行的最小值，还是每一列的最小值，还是整体的最小值。

```
np.amin(a,axis=0)                           #按列返回最小值
array([1, 2, 3])
np.amin(a,axis=1)                           #按行返回最小值
array([1, 4, 7])
np.amin(a,axis=None)                        #整体返回最小值
1
```

（2）求最大值 amax()函数。amax()方法是与 amin()相对的方法，用于获得指定 axis 的最大值。例如，求出矩阵的行最大值、列最大值以及整体矩阵的最大值。

```
np.amax(a,axis=0)                           #按列返回最大值
```

```
array([7, 8, 9])
np.amax(a,axis=1)                   #按行返回最大值
array([3, 6, 9])
np.amax(a,axis=None)                #整体返回最大值
9
```

（3）求最大值与最小之间的差值 ptp()函数。ptp()方法用来获得某行、某列或者整体的最大值与最小值的差值。

```
np.ptp(a,axis=0)                    #按列返回最大值-最小值差值
array([6, 6, 6])
np.ptp(a,axis=1)                    #按行返回最大值-最小值差值
array([2, 2, 2])
np.ptp(a,axis=None)                 #整体返回最大值-最小值差值
8
```

（4）求百分位数 percentile()函数。使用 percentile()方法来获得相应 axis 的百分位数。

```
np.percentile(a,50,axis=0)          #按列返回 50 百分位数
array([4., 5., 6.])
np.percentile(a,50,axis=1)          #按行返回 50 分位数
array([2., 5., 8.])
np.percentile(a,50,axis=None)       #整体返回 50 分位数
5.0
```

2.4.4 反应数据波动函数

NumPy 中提供了反映数据波动的函数，求均值与方差的函数。均值和方差用于反映数组的数据波动程度。示例代码如下：

```
import numpy as np
a=np.array([[1,2,3],[4,5,6], [7,8,9]])
```

（1）中位数函数 median。median 方法用来计算中位数，通过 axis 设置按行、按列还是按整体计算中位数。

```
np.median(a,axis=0)                 #按列取中位数
array([4., 5., 6.])
np.median(a,axis=1)                 #按行取中位数
array([2., 5., 8.])
np.median(a,axis=None)              #按整体取中位数
5.0
```

（2）求均值函数 mean。mean 方法用来计算均值，通过 axis 设置按行、按列或按整体计算均值。

```
np.mean(a,axis=0)                   #按列取均值
array([4., 5., 6.])
np.mean(a,axis=1)                   #按行取均值
array([2., 5., 8.])
np.mean(a,axis=None)                #按整体取均值
5.0
```

（3）计算方差函数 var。var 方法用来计算方差，通过 axis 设置按行、按列还是按整体计算方差。

```
np.var(a,axis=0)                    #按列取方差
array([6., 6., 6.])
np.var(a,axis=1)                    #按列取方差
array([0.66666667, 0.66666667, 0.66666667])
np.var(a,axis=None)                 #按整体取方差
6.666666666666667
```

（4）计算标准差函数 std。std 方法用来计算标准差，通过 axis 设置按行、按列还是按整体计算标准差。

```
np.std(a,axis=0)                    #按行取标准差
array([2.44948974, 2.44948974, 2.44948974])
np.std(a,axis=1)                    #按列取标准差
array([0.81649658, 0.81649658, 0.81649658])
np.std(a,axis=None)                 #按整体取标准差
2.581988897471611
```

NumPy 是 Python 用于进行科学计算的基础软件包，也是机器学习框架的基础库。

本章小结

本章主要简单介绍了机器学习中常用的数值计算基础——矩阵运算和概率运算，还介绍了矩阵运算的基本概念和运算规律，概率概念以及概率中包含的基本定义、贝叶斯公式的含义等，同时也介绍了 Python 语言中提供的 NumPy 包的概念和安装及简单使用。

本章习题

一、计算题

1．已知两个矩阵 $\boldsymbol{A}$ 和 $\boldsymbol{B}$ 如下：

$$\boldsymbol{A}=\begin{bmatrix}3 & -1 & 2\\ 1 & 5 & 7\\ 2 & 4 & 5\end{bmatrix},\ \boldsymbol{B}=\begin{bmatrix}7 & 5 & -2\\ 5 & 1 & 9\\ 4 & 2 & 1\end{bmatrix}$$

满足矩阵方程 $\boldsymbol{A}+2\boldsymbol{X}=\boldsymbol{B}$，求 $\boldsymbol{X}$ 矩阵。

2．已知矩阵 $\boldsymbol{A}$ 和 $\boldsymbol{B}$ 如下：

$$\boldsymbol{A}=\begin{bmatrix}1 & 2\\ 1 & -1\end{bmatrix},\boldsymbol{B}=\begin{bmatrix}1 & 2 & -3\\ -1 & 1 & 2\end{bmatrix}$$

计算 $\boldsymbol{AB}$ 结果。

3．假设列矩阵 $\boldsymbol{A}=\begin{bmatrix} a_1 \\ a_2 \\ a_3 \end{bmatrix}$，行矩阵 $\boldsymbol{B}=\begin{bmatrix} b_1 & b_2 & b_3 \end{bmatrix}$，求 $\boldsymbol{AB}$ 和 $\boldsymbol{BA}$，并比较两结果，能得出什么结论？

二、推理题

假定某月天气情况如下：50%的雨天早上是多云的，大约 40%的日子早上是多云的，平均 30 天里一般只有 3 天会下雨，占比 10%。使用贝叶斯公式进行推理，当早上多云时，当天要下雨的概率是多少？

提示：当早上多云时，当天会下雨的可能性是 $P(\text{雨}|\text{云})$。

$$P(\text{雨}|\text{云}) = P(\text{雨}) \cdot P(\text{云}|\text{雨}) / P(\text{云})$$

第 3 章　知识表示

人类在学习知识的时候，知识都能以一定的方式表示出来。对同样的知识，表示方式可能不一样，比如图片、语言、文字等方式。同样地，机器能像人类一样学习，首先也需要理解获得的数据信息，理解其含义，并以自身的方式存储。因此，知识表示是机器学习的重要环节。

本章要点

- 了解知识与知识表示。
- 了解谓词逻辑与谓词推理。
- 了解语义网络。
- 了解产生式系统。

为了让机器能像人类一样学习、推理、应用，机器就需要用自身能够识别的方式表示获得的数据信息，并以机器自身的方式存储，以及在自身表示方式下的推理规则，如能够分析语言的结构、语法、语义等。机器学习通过依赖于其自身能够理解的信息和知识的方式进行自我学习。

3.1 知识及知识表示

知识的表示与推理是通用人工智能领域的基础问题之一，研究的目的就是为计算机设计一种可以接受的用于描述知识的数据结构，如图表结构、语法书、规则匹配模式、网状结构等。

3.1.1 知识及知识表示

1. 知识

人类的智能活动过程主要是一个获得并运用知识的过程，知识是人类智能的基础。

从广义来说，知识是人类积累的关于自然和社会的认识和经验的总和，是人类主观世界对客观世界的概括和反映，是大量经过加工形成的有组织的信息，是关于事实和思想的有组织的陈述，提供某种经过思考的判断和某种实验的结果。

人类知识是人类经验的总结，是对经验总结升华的结晶，由符号以及符号之间的关系及处理规则组成。

知识具有以下几个特点。

（1）相对正确性：知识正确性是在一定条件和环境下才正确，即知识不是无条件真或无条件假。例如，1+1=2，这是在小学学习的知识，但是这条知识在十进制或者八进制的条件下成立，在二进制条件下就不成立。

（2）不确定性：指知识不是总是只有“真”和“假”两种状态，在真假状态之间可能有更多其他中间状态。

（3）可表示性：指知识可以用适当的形式表示出来，如语言、文字、图形等方式。

（4）可利用性：指人类可以利用知识解决现实世界中的问题。

（5）矛盾性和相容性：矛盾性指在同一知识库里的不同知识之间可能相互对立或不一致，即从这些知识出发会推导出不一致的结论。而相容性是指同一知识库中的知识相互之间不矛盾。

2. 知识表示

知识表示就是对知识的一种描述，或者说是对知识的一组约定，一种计算机可以接受的用于描述知识的数据结构，如图表结构、语法、规则匹配模式、网状结构等。简单来说，知识表示就是知识的形式化或者模型化过程。通常同一知识可以有不同的表示方式，且不同表示方式产生的效果可能不一样。

3.1.2 知识元素

知识构成需要必要的元素，即知识元素。知识的组成元素包含事实、规则、控制和元知识。

（1）事实。事实一般是对客观世界、客观事物的状态、属性、特征的描述性知识，通常以“…是…”的形式出现。例如“中华民族是一个伟大的民族”。

（2）规则。相关问题中与事物的行为、动作相联系的因果关系，常以“如果…那么…”形式出现。例如“如果大家齐心协力，那么一定能战胜疫情”。

（3）控制。有关问题的求解步骤、技巧性知识，完成一件事的工作流程。例如我们解题的步骤等。

（4）元知识。有关知识的知识，是知识库中的高层知识，包括怎样使用规则、解释规则、教研规则、解释程序结构等知识。

3.1.3 知识分类

人类的知识包含人类活动领域各个方面的内容，从不同的标准来看，知识可以划分为不同的类别。

1. 根据知识作用范围分类

根据知识作用范围不同，可分为常识性知识和领域性知识。

（1）常识性知识：指具有通用通识性质的知识，适合所有领域。例如“一年有春夏秋冬四个季节”就是常识性知识。

（2）领域性知识：指面向某个具体领域的知识，是专业性知识。例如大脑神经结构知识就是生物领域性知识。

2. 根据知识作用及表示分类

根据知识作用及表示，可分为事实性知识、过程性知识、控制性知识。

（1）事实性知识：也称叙事性知识，用于描述领域内的有关概念、事实、事物的属性及状态，一般采用直接表达的形式，如谓词公式表示。例如“太阳从东方升起”就属于事实性知识。

（2）过程性知识：与领域相关的用于处理与问题相关的求解过程以及得到问题的结论，表示方法可以是产生式规则或语义网络。例如“如果交通信号指示灯是绿色，请通行”。

（3）控制性知识：又称深层知识或者元知识，它是关于如何运用已有的知识进行问题求解的知识，因此又称为“关于知识的知识”，如程序控制结构、搜索策略等。

3. 根据确定性分类

按照确定性可分为确定性知识和不确定性知识。

（1）确定性知识：指其逻辑值为真或假的知识，是精确性知识。例如“1+3=4”。

（2）不确定性知识：是不精确、不完全、模糊性知识的总称。例如“今天乌云密布，可能会下雨”。

4. 根据结构及表现形式分类

按照结构及表现形式可分为逻辑性知识和形象性知识。

（1）逻辑性知识：反映的是人类逻辑思维过程的知识，一般具有因果关系或难以精确描述的特点，是人类的经验性知识和直观感觉。例如“今天冬天下了很大的雪，明年应该是个丰收年”。

（2）形象性知识：是通过事物形象建立起来的知识。例如“老虎很威猛”。

3.2 知识表示

知识表示方法主要分为陈述性知识表示和过程性知识表示。陈述性知识表示一般是静态性知识的表示方法，主要用于描述事实性知识，是对有关事实的描述；过程性知识表示主要用于描述规则性知识和控制结构知识，过程性知识表示主要是描述动态性知识，是将某个问题领域的问题以及求解方法表示为一个推理求解过程。

常用的具体知识表示法有一阶谓词逻辑法、产生式表示法、框架表示法、语义网络表示法等。

3.2.1 一阶谓词逻辑法

谓词逻辑法是基于数理逻辑的一种重要的知识表示方法，是将以自然语言描述的知识，通过引入谓词、函数、量词和连接词等逻辑论证符号化，获得有关的逻辑公式。

谓词逻辑表示法的表示形式和人类自然语言非常接近，能够被计算机精确推理。

1. 谓词逻辑基本元素

（1）谓词：用于描述个体域中个体的性质、状态或个体间关系。一个谓词组成有谓词名和个体两部分，表示形式一般为

$$\mathrm{P}(x_1, x_2,\cdots, x_n)$$

其中：

1）P 为谓词名，主要描述个体的性质、状态或个体间关系，一般是由大写字母表示，如 P、Q、R 等。

2）x_i（i=1,2,⋯,n）是谓词 P 的个体变元，或参数项。

谓词逻辑的基本元素是谓词，组成部分包括谓词逻辑、变量符号、函数符号以及常量符号，并用圆括弧、方括弧、花括弧和逗号隔开，以表示个体域内的关系。例如 inroom（Lihua，room1）谓词表示，其中 inroom 是谓词，Lihua 和 room1 是用来表示个体域内的变量符号，使用圆括弧隔开，表示 Lihua 在房间 room1 内。

（2）个体（个体词）：可以独立存在的具体事物、状态或个体之间的关系，如太阳、计

划、一个活动等。在谓词逻辑中，个体可以是常量、变量（变元）或函数。

1）个体常量：表示具体的或特定的个体，一般使用 Robot、student、a 等表示。

2）个体变量：表示未知的或泛指的个体，一般使用 x、y、z 等表示。

3）个体域（论域）：个体变量的取值范围（值域），常用 D 表示。个体域取值范围可以是有限的，如某个班级的学生；也可以是无限的，如奇数。

2. 谓词项

谓词项的递归定义如下：

（1）单独一个个体是项（包括常量和变量）。

（2）若 f 是 n 元函数符号，而 $x_1, x_2,\ldots, x_n$ 是项，则 $f(x_1, x_2,\ldots, x_n)$是项，即 n 元函数是项。

（3）任何项都由 1）、2）项生成。

3. 一阶谓词

在谓词公式 P(x)中包含的 x 个体数目称为谓词的元数，含有 n 个个体项的谓词称为 n 元谓词。例如 P(x)是一元谓词，P(x,y)称为二元谓词。

如果谓词中变元 x 是个体常量、变量或函数，则称为一阶谓词，如 P(x,y)，其中，x 和 y 是个体变量或常量。谓词中个体变元是有顺序的，当个体变元取值不同时，所得结果值可以不同。

如果变元 x 本身也是一个一阶谓词（谓词嵌套），则称为二阶谓词。例如 P(R(x))，其中 R(x)本身是一阶谓词作为 P 谓词的变量，则称 P(R(x))为二阶谓词。

4. 连词和量词

（1）连词：连接两个谓词公式的符号表示。谓词公式一般常用的连词符号如表 3-1 所示。

表 3-1　常用连词符号

连词名称	表示	符号
否定	非	-
析取	或	∨
合取	与	∧
蕴含	如果……那么……	→
等价	当且仅当	↔

-：“否定”连词，当一个命题 P 为真，则-P 为假，反之为真。

∨：“析取”连词，表示两个命题存在“或”的关系。

∧：“合取”连词，表示两个命题存在“与”的关系。

→：“蕴含”连词，P→Q 表示“如果 P，则 Q”，P 表示条件，Q 表示条件的结果。

↔：“等价”连词，P↔Q 表示“P 当且仅当 Q”。

通过连词组合的复合谓词公式结论与连词相关，谓词逻辑真值表如表 3-2 所示。

表 3-2 谓词逻辑真值表

P	Q	﹁P	P∨Q	P∧Q	P→Q	P↔Q
T	T	F	T	T	T	T
T	F	F	T	F	F	F
F	T	T	T	F	T	F
F	F	T	F	F	T	T

连接词的优先级：量词、否定、合取、析取、蕴含、等价。

（2）量词：在谓词逻辑中，使用量词量化个体域中个体取值。量词有全称量词和存在量词。

1）全称量词：描述某个论域中的所有（任意）个体 x，使 P(x)真值为 T，采用符号（∀x）P(x)表示。

例如：所有中国人都要爱中国。

中国人：Chinese（x）

爱中国：Love（x，China）

所有中国人都要爱中国：（∀x）Chinese（x）→Love（x，China）

2）存在量词：描述某个论域中至少存在一个个体 x，使 P(x)真值为 T。采用符号（∃x）P(x) 表示。

例如：1 号教室有个学生：（∃x）InClass (x,R1)。

（3）量词的作用域：在一个谓词公式中，如果有量词出现，位于量词后面的单个谓词或者括弧括住的谓词公式称为量词的作用域（辖域），表示量词的管辖范围，也就是受量词约束的谓词及个体范围。

（4）约束变元与自由变元：作用域内与量词同名的变元称为约束变元，不同名的变元称为自由变元。

例：复合谓词公式（∃x）(P(x,y)→ Q(x,y))∨R(x,y)

（∃x）的作用域是(P(x,y) → Q(x,y))，作用域内的变元 x 是受（∃x）约束的约束变元；作用域外的 R(x,y)中的 x 是自由变元，所有 y 都是自由变元。

注意：在谓词公式中，当对量词作用域内的约束变元更名时，必须将同名的约束变元都统一改成相同的名字，且不能与作用域中的自由变元同名。例如，对于公式(∃x)(P(x,y) → Q(x,y))，可以改名为(∃z)(P(z,t) → Q(z,t))，这里将约束变元改为 z，将自由变元 y 改为了 t。

5. 谓词公式

（1）复合谓词公式。将 P($x_1, x_2,\dots, x_n$)称为原子谓词公式，使用谓词连词符号和量词将原子谓词公式连接起来所形成的公式，称为复合谓词公式，也称合式公式。按照下面递归定义可以得到合式公式。

1）单个谓词或单个谓词的否定，称为原子谓词公式，原子谓词公式也称为谓词合式公式。

2）如果P、Q是谓词合式公式，则-P，(P∨Q)，(P∧Q)，(P→Q)，(P↔Q)也是合式公式。

3）如果P、Q是合式公式，则（∃x）P，（∀x）P也是合式公式。

4）任何合式公式都是由有限次的1）2）3）产生。

例如："我爱中国"可以表示为：LOVE（I，China）。

其中谓词是热爱（LOVE），参数分别是我（I）、中国（China）。谓词公式可以表示为LOVE（x_1，x_2），如果个体参数x_1、x_2分别为我们、和平，代入谓词公式为LOVE（We，Peace），表示我们热爱和平。

（2）谓词公式表示知识的步骤。谓词公式的表示可以通过合取符号（∧）和析取符号（∨）连接形成，表示事实性知识，也可以用蕴含符号（→）连接形成表示规则性知识。谓词公式表示知识的步骤如下：

1）定义谓词及个体，确定每个谓词及个体的确定含义。

2）为每个谓词中用于表达事物或概念的变元赋予特定的值。

3）使用适当的连词符号将各个谓词连接起来，形成谓词公式，正确表达知识的语义。

例如：设有下列事实性知识。

李莉是一名学生，她热爱体育。

解：按照表示知识的步骤，用谓词公式表示上述知识。

1）首先定义谓词如下：

Student（x）：x是一名学生。

Like（x，y）：x喜欢y。

这里涉及的个体有李莉（Lili）、体育（tiyu），谓词有Student（x）、Like（x，y）。

2）将这些个体代入谓词中，得到Student(Lili)，Like(Lili，tiyu)。

3）根据语义要求，用连词符号将它们连接起来，就得到了表示上述知识的谓词公式Student(Lili)∧Like (Lili, tiyu)。

3.2.2 产生式表示法

产生式表示法最早由美国科学家波斯特（E.Post）提出，通常用于描述事实、规则以及它们的不确定性程度，适合表示事实性知识和规则性知识。产生式表示法简称产生式或规则。

1. 事实的产生式表示

事实是断言一个语言变量的值或者断言多个语言变量之间关系的陈述语句，规则描述的是事物间的因果关系。

确定性事实产生式一般使用三元组表示：

（对象，属性，属性值）或者（关系，对象 1，对象 2）

例如：李莉是学生可以表示为（Lili，Identity，Student）；李莉和张英是母女表示为（mother-daughter，Lili，Zhangying）。

非确定性事实产生式一般使用四元组表示：

（对象，属性，属性值，可信度）或者（关系，对象 1，对象 2，可信度）

例如：李莉可能是学生可以表示为（Lili，Identity，Student，0.7）；李莉和张英可能是母女表示为（mother-daughter，Lili，Zhangying，0.8）。其中 0.7 和 0.8 表示可信度或可能性。

2. 规则的产生式表示

规则产生式表示法是依据人类大脑记忆模式中的各种知识之间的大量存在的因果关系，并以“IF-THEN”的形式表示出来的。

确定性规则的产生式表示为：

<前件>→<后件>或 IF<条件> THEN 结论

非确定性规则的产生式表示为：

<前件>→<后件>或 IF<条件> THEN 结论 （可信度）

其中，前件就是前提（条件），后件是结论或动作，前件和后件可以是由逻辑运算符 AND、OR、NOT 组成的表达式。

规则产生式的语义：如果前提满足，则可得出结论或者执行相应的动作，即后件由前件来触发。所以，前件是规则的执行条件，后件是规则体。

例如，下面就是几个规则产生式。

（1）如果下大雨，地面会淋湿。

（2）学习不努力，成绩会下滑。

（3）如果给我足够长的杠杆，我就能撬起地球。

在自然语言表达中，人们广泛使用的各种“原因→结果”“条件→结论”“前提→操作”“事实→进展”“情况→行为”等结构，都可归结为产生式的知识表达形式。

3. 产生式系统

将一组相关领域的产生式（或称规则）聚合起来，产生式之间互相配合、协同动作，一个产生式生成的结论可供另一个（或一些）产生式作为前提或前提的一部分来使用，最终推导问题的解，这样的一组产生式被称为产生式系统。

（1）产生式系统组成。一个产生式系统一般由规则库、综合数据库和推理机三个基本部分组成，其中推理机包括控制和推理两部分，如图 3-1 所示。

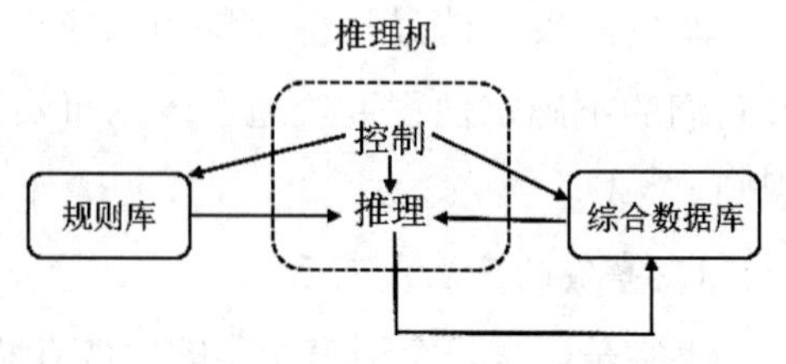

图 3-1 产生式系统组成

1）规则库（规则集）：存放用于描述相应领

域内所有使用规则行事表示的规则集合，包括从问题初始状态转换到目标状态的所有变换规则。一个产生式规则集里的规则，按其逻辑关系，一般可形成一个称为推理网络的结构图。

2）综合数据库：用于存放构成产生式系统的基本元素的一个动态数据库，包括问题求解过程中的初始事实数据、中间推理结论和最后结果等，运行时数据库中的数据在不断改变。

3）推理机。

- 推理：规则的解释或执行程序，是控制系统执行的一个程序模块，负责产生式规则的前提条件测试或匹配、规则的调度与选取、规则体的解释和执行，即控制协同规则库与数据库，负责整个产生式系统的运行。
- 控制：从规则库中选择与综合数据库中的已知事实进行匹配，匹配成功的规则可能不止一条，需要进行冲突消解。执行某一规则时，如果其右部是一个或多个结论，则把这些结论加入到综合数据库中；如果其右部是一个或多个操作，则执行这些操作。

对于不确定性知识，在执行每一条规则时还要按一定的算法计算结论的不确定性，检查综合数据库中是否包含了最终结论，决定是否停止系统的运行。

（2）产生式系统的运行。产生式系统运行时，除了需要规则库以外，还需要有初始事实（或数据）和目标条件。目标条件是系统正常结束的条件，也是系统的求解目标。产生式系统启动后，推理机就开始推理，按所给的目标进行问题求解。

推理机的一次推理过程如图 3-2 所示。

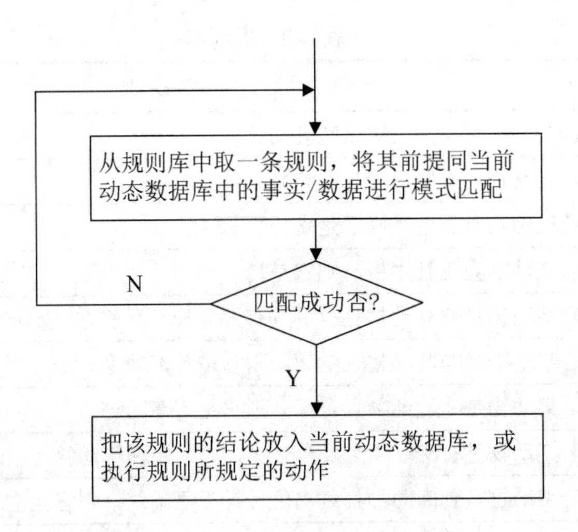

图 3-2　推理机的一次推理过程

一个实际的产生式系统，其目标条件一般不会只经一步推理就可满足，往往要经过多步推理才能满足或者证明问题无解。因此，产生式系统的运行过程就是推理机不断运用规则库中的规则，作用于动态数据库，不断进行推理并不断检测目标条件是否满足的过程。当推理到某一步，目标条件被满足，则推理成功，于是系统运行结束；或者再无规则可用，但目标条件仍未满足，则推理失败，当然系统也运行结束。

4. 产生式系统推理

产生式系统推理可分为正向推理和反向推理两种基本方式。

正向推理就是从初始事实数据出发，正向使用规则进行推理(即用规则前提与动态数据库中的事实匹配，或用动态数据库中的数据测试规则的前提条件，然后产生结论或执行动作)，朝目标方向前进。

正向推理算法步骤如下：

（1）将初始事实/数据置入动态数据库。

（2）用动态数据库中的事实/数据，匹配/测试目标条件，若目标条件满足，则推理成功，结束。

（3）用规则库中各规则的前提匹配动态数据库中的事实/数据，将匹配成功的规则组成待用规则集。

（4）若待用规则集为空，则运行失败，退出。

（5）将待用规则集中各规则的结论加入动态数据库，或者执行其动作，转步骤（2）。

示例：一个动物分类的产生式系统描述。假设有下列动物识别规则组成一个规则库，如果推理机采用正向推理算法，建立一个产生式系统。

（1）建立规则集，如表 3-3 所示。

表 3-3 规则集

规则编号	规则
1	若某动物有奶，则它是哺乳动物
2	若某动物有毛发，则它是哺乳动物
3	若某动物有羽毛，则它是鸟
4	若某动物会飞且生蛋，则它是鸟
5	若某动物是哺乳动物且有爪且有犬齿且目盯前方，则它是食肉动物
6	若某动物是哺乳动物且吃肉，则它是食肉动物
7	若某动物是哺乳动物且有蹄，则它是有蹄动物
8	若某动物是有蹄动物且反刍食物，则它是偶蹄动物
9	若某动物是食肉动物且黄褐色且有黑色条纹，则它是老虎
10	若某动物是食肉动物且黄褐色且有黑色斑点，则它是金钱豹
11	若某动物是有蹄动物且长腿且长脖子且黄褐色且有暗斑点，则它是长颈鹿
12	若某动物是有蹄动物且白色且有黑色条纹，则它是斑马
13	若某动物是鸟且不会飞且长腿且长脖子且黑白色，则它是鸵鸟
14	若某动物是鸟且不会飞且会游泳且黑白色，则它是企鹅
15	若某动物是鸟且善飞且不怕风浪，则它是海燕

（2）根据规则集，形成推理网络图。在规则集下形成的部分推理网络图如图 3-3 所示。

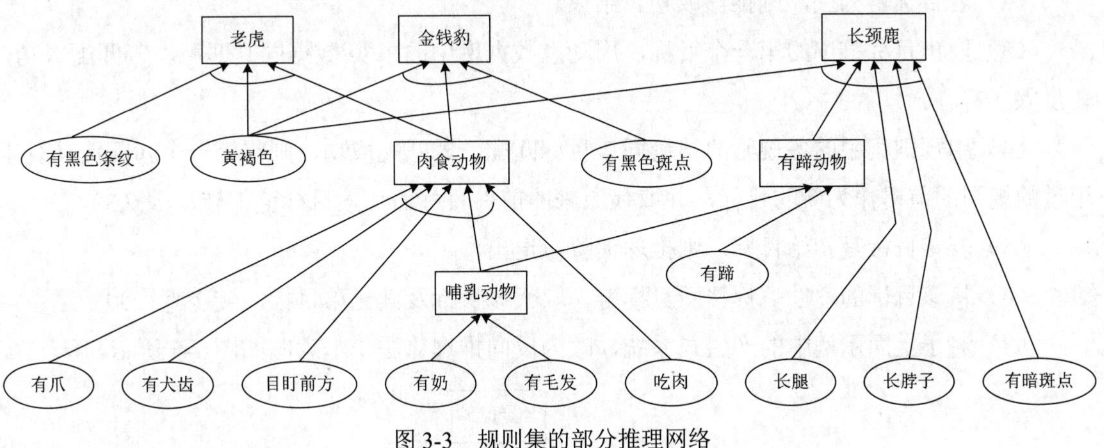

图 3-3　规则集的部分推理网络

（3）利用该产生式系统对如下初始事实条件进行推理。

f1：某动物有毛发。

f2：吃肉。

f3：黄褐色。

f4：有黑色条纹。

（4）求解推理结论，如果使用正向推理，该推理系统运行结论为：老虎。正向推理示意图如图 3-4 所示。

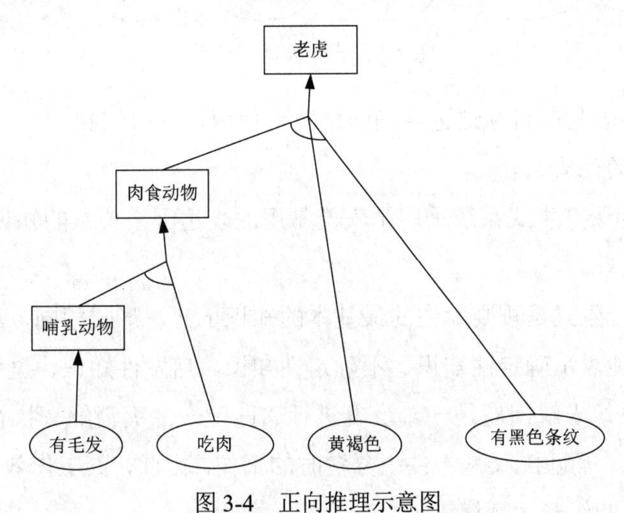

图 3-4　正向推理示意图

反向推理最初可以假设一个结论，然后利用规则去推导支持假设的事实。也就是从假设结论出发，反向使用规则进行推理（即用规则结论与目标匹配，又产生新的目标，然后对新目标再作同样的处理），朝初始事实或数据方向前进。反向推理也称目标驱动方式或自顶向下方式。其推理过程如下：

（1）将初始事实/数据置入动态数据库，将假设目标置入目标链。

（2）若目标链为空，则推理成功，结束。

（3）取出目标链中的第一个目标，用动态数据库中的事实/数据同其匹配，若匹配成功，转步骤（2）。

（4）用规则集中的各规则的结论同该目标匹配，若匹配成功，则将第一个匹配成功且未用过的规则的前提作为新的目标，并取代原来的前件目标而加入目标链，转步骤（3）。

（5）若该目标是初始目标，则推理失败，退出。

（6）将该目标的前件目标移回目标链，取代该目标及其兄弟目标，转步骤（3）。

（7）对于上面示例中的产生式系统，改为反向推理算法，示意图如图 3-5 所示。

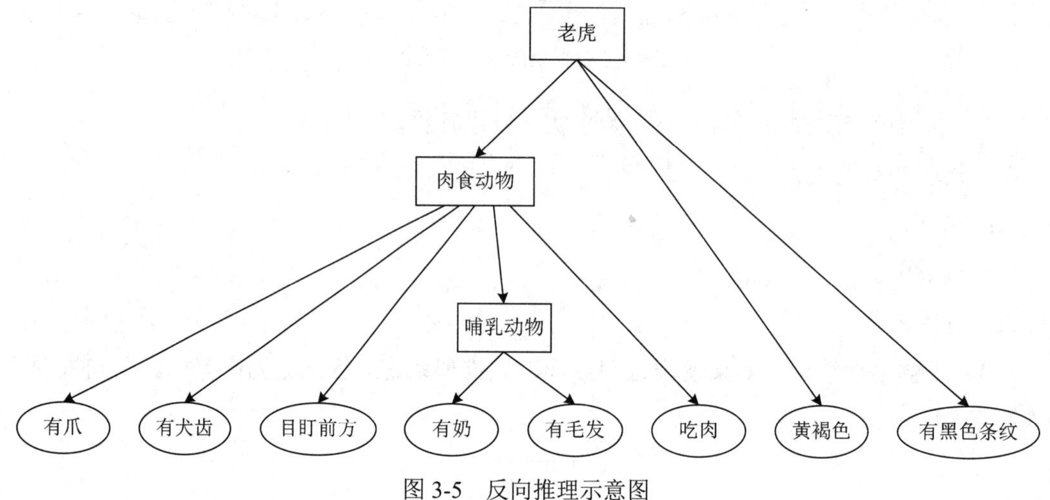

图 3-5　反向推理示意图

反向推理方式一般是在目标结论明确的情况下使用，效率较高。

5. 产生式系统的优缺点

（1）自然性：由于产生式系统采用了人类常用的表达因果关系的知识表示形式，既直观、自然，又便于进行推理。

（2）模块性：产生式是规则库中的最基本的知识单元，形式相同，易于模块化管理。

（3）有效性：能表示确定性知识、不确定性知识、启发性知识、过程性知识等。

不过，产生式系统求解问题是一个反复进行“匹配—冲突消解—执行”的过程。由于规则库一般都比较庞大，而匹配又是一件十分费时的工作，因此，其工作效率不高。此外，在求解复杂问题时容易引起组合大规模增长。

3.2.3　框架表示法

框架表示法是美国著名人工智能学者马文·明斯基（Marrin Minsky）于 1974 年提出来的，其理论根据是人们在理解情景、故事时的思维过程。因人脑中存储大量典型情景，当人在面临新的情景时，会根据记忆从情景中选择一个称为框架的基本知识结构，并重新根据新情景对此框架的知识细节进行加工和补充，形成对新情景的认识并记忆在人脑中。

例如：对于火的认识，记忆里是柴火，当变换成天然气燃烧也迅速认出是火，只是新情景更改成天然气燃烧。

框架表示法是一种结构性知识表示方法，最突出的特点是善于表示结构性知识，能够把知识的内部结构关系以及知识之间的特殊关系表示出来，并把与某个实体或实体集的相关特性都集中在一起。

1. 框架结构

框架是一种存储以往经验和信息的通用数据结构，一种描述，是一种表示所论对象（一个事物、事件或概念）属性的数据结构，一般可以把框架看成若干节点和关系组成的网络。

框架通常采用“节点-槽值”表示结构。框架的表现形式如图 3-6 所示。

```
<框架名>
    <槽1>:<侧面11>(值111，值112，…)(缺省值)
          <侧面12>(值121，值122，…)(缺省值)
    <槽2>:<侧面21>(值211，值212，…)(缺省值)
          <侧面22>(值221，值222，…)(缺省值)
          … …
          <附加过程>
```

图 3-6　框架表现形式示意图

一个框架由框架名和一些槽（Slot）组成，一个槽用于描述事物的某一方面属性，一个槽根据实际情况可以划分为若干侧面（Faced），侧面用于描述相应的属性，其作用是指出槽的取值范围或求值方法等。框架中的附加过程用系统中已有的信息解释或计算新的信息。

例如，使用框架表示法表示学生框架。

框架名：<学生>
姓名：（姓、名）
年龄：单位（岁）
性别：范围（男、女）
班级：单位（年级、班级）

对于一个框架，当人们把观察或认识到的具体细节填入后，就得到了该框架的一个具体实例，即成为实例框架。

框架名：<学生 1>
姓名：（李红）
年龄：单位（15）
性别：范围（女）
班级：单位（八年级 3 班）

一个框架中可以包含各种信息：描述事物的信息，如何使用框架的信息，关于下一步将发生什么情况的期望，以及如果期望的事件没有发生应该怎么办的信息等。这些信息包含在框架的各个槽或侧面中。

一个具体事物可由槽中已填入值来描述，具有不同的槽值的框架可以反映某一类事物中的各个具体事物。

相关的框架链接在一起形成了一个框架系统，框架系统由一个框架到另一个框架的转换可以表示状态的变化、推理或其他活动。不同的框架可以共享同一个槽值，这种方法可以把不同角度搜集起来的信息较好地协调起来。

2. 框架表示法特点

框架表示法是语义网络一般化的形式，具有如下特点。

（1）结构性：框架表示法能够将知识的内部结构关系及知识间的联系表示出来，适用于结构性知识的表达。

（2）继承性：在框架表示法中，下层框架可以继承上层框架的槽值，也可以对其进行修改和补充。

（3）自然性：框架表示法与人的思维活动方式比较一致。

3.2.4 语义网络

语义网络是一种用图（有向图、无向图）来表示和存储知识的结构化方式，其用相互连接的节点和弧线（连线）来表示知识。

节点表示实体，实体可以是各种事物、概念、情况、属性、动作、状态等，节点上的标注用来区分各节点所表示的不同对象。每个节点可以带有若干属性，表示所代表的对象的特性。

弧线表示节点之间的关系，指明它所连接的节点之间某种语义关系。弧是有向弧，方向不能随意调换。

节点和弧线都必须标注，方便区分不同对象以及对象间各种不同的语义联系。

从结构上来看，语义网络一般由最基本的语义单元组成。其基本表示可以用如下三元组表示：

（节点1，弧，节点2）

使用有向图表示语义单元，其三元组图如图3-7所示。

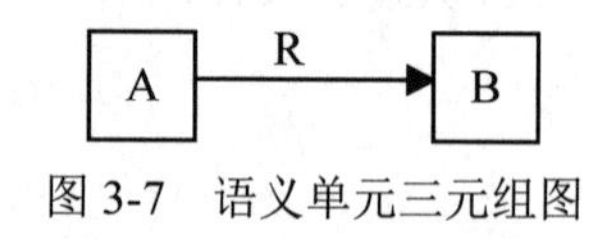

图3-7 语义单元三元组图

图3-7中A和B分别代表不同的节点，R表示A和B节点之间的某种语义联系。例如：“雪的颜色是白的”语义表示如图3-8所示。

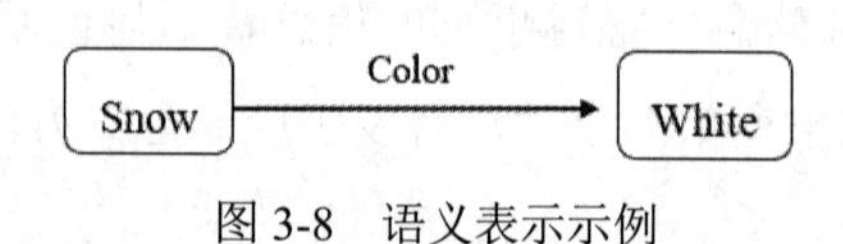

图3-8 语义表示示例

当把多个语义单元用相应的语义联系关联在一起，就形成了一个语义网络结构图，如图3-9所示。

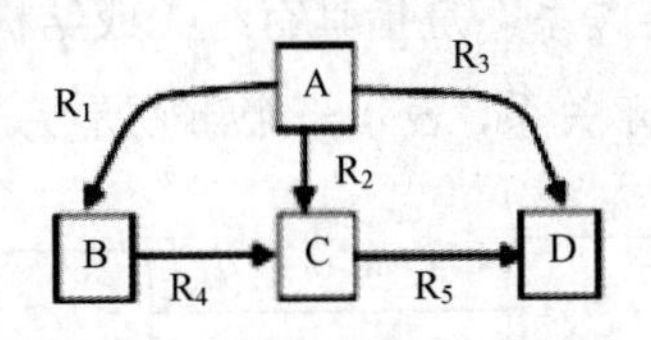

图3-9　语义网络结构图

1. 常用的基本语义关系

从功能上说，语义网络可以描述任何事物间的任意复杂关系，既可以表示事实性的知识，也可以表示有关事实性知识之间的复杂关系。语义网络可表示的知识关系如下：

（1）类属关系：类属关系表示类与个体之间的关系，例如不同事物间的分类关系、成员关系或实例关系。它体现的是“具体与抽象”“个体与集体”的概念。常用的类属关系类型有以下几种。

A-Kind-of：表示一个事物是另一个事物的一种类型，用于连接一个类与另一个类，主要用于表示连接父类和子类关系。

A-Member-of：表示一个事物是另一个事物的成员，反映了个体和集体之间的关系。

Is-a：表示一个事物是另一个事物的实例包含关系，表示一个类的特定成员。

类属关系示例如图3-10所示。

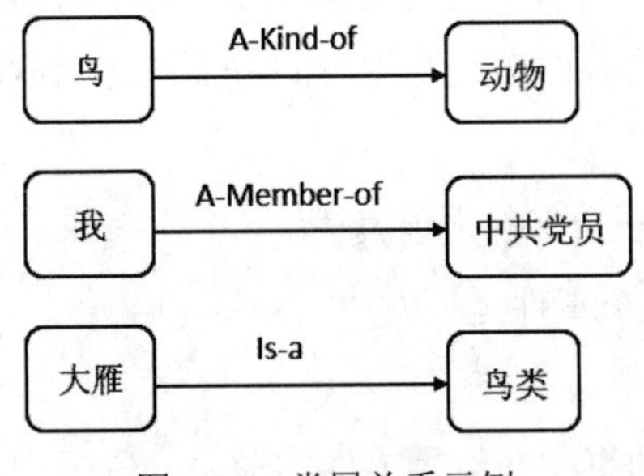

图3-10　类属关系示例

类属关系有一个最主要特征是属性的继承性，处在具体层的结点可以继承抽象层结点的所有属性。示例如图3-11所示。

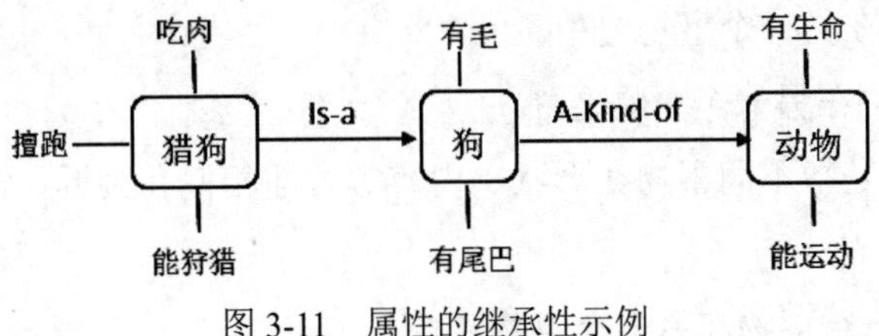

图3-11　属性的继承性示例

在图 3-11 语义网络中表示猎狗是一种狗，而狗是一种动物，并且分别列出了他们所具有的属性，狗继承了动物的属性，猎狗也继承了狗和动物的属性。

（2）包含关系：也称为聚类关系，是指具有组织或结构特征的“部分与整体”之间的关系。包含关系的主要类型是 Part-of 关系，表示一个事物是另一事物的一部分，如图 3-12 所示。

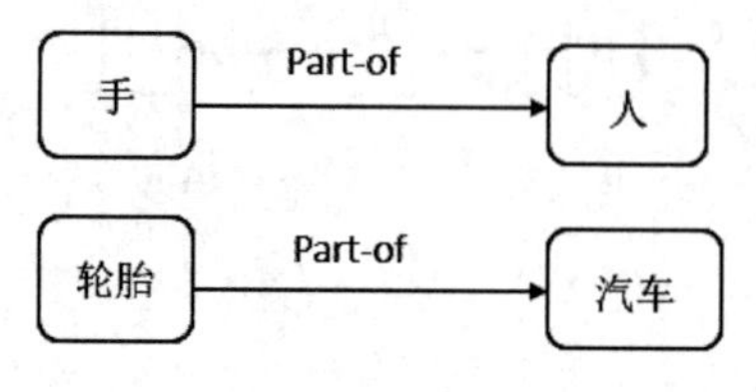

图 3-12 包含关系示例

包含关系和类属关系最主要的区别是包含关系一般不具备属性的继承性。

（3）属性关系：属性关系是指事物和其行为、能力、状态、特征等属性之间的关系，常用的属性的关系有以下两种。

Have：表示一个结点具有另一个结点所描述的属性。

Can：表示一个结点能做另一个结点的事情。

动物的属性关系示例如图 3-13 所示。

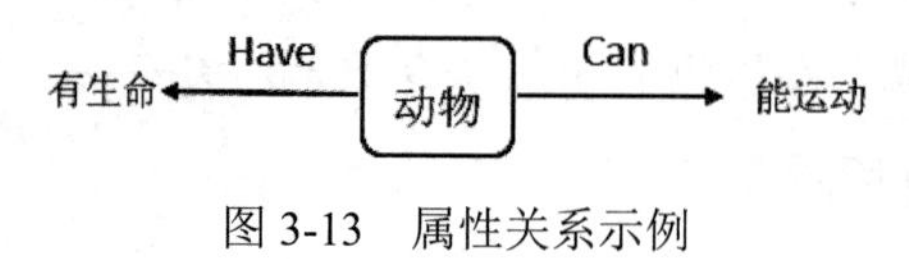

图 3-13 属性关系示例

（4）时间关系：表示不同事件在其发生时间方面的先后次序关系。常用的时间关系有以下两种。

Before：表示一个事件在一个事件之前发生。

After：表示一个事件在一个事件之后发生。

例如：下课以后做清洁。

（5）位置关系：表示不同事物在位置方面的关系。常见的位置关系有以下几种。

On：表示某一事物在另一个事物之上。

At：某物处的位置。

Under：一个事物在另一个事物之下。

Inside：一个事物在另一个事物之中。

Outside：一个事物在另一个事物之外。

（6）相近关系：是指不同事物在形状、内容等方面相似和接近。常用的相近关系有以下两种。

Similar-to：表示一个事物和另一个事物相像。

Near-to：表示一个事物和另一个事物相近。

2. 复杂事件的语义表示

语义网络中节点不仅可以表示一个物体或者概念，也可以表示复杂关系事件或动作。

对于一个事件（动作或情况），每一个事件或动作节点可以是某个概念的一个实例，可以有一组向外的弧线，整体称为实例框，用以说明与该实例相关的各种变量（如动作的实施者、接受者，动作的程度、状态等），事件语义网络示意图如图 3-14 所示。

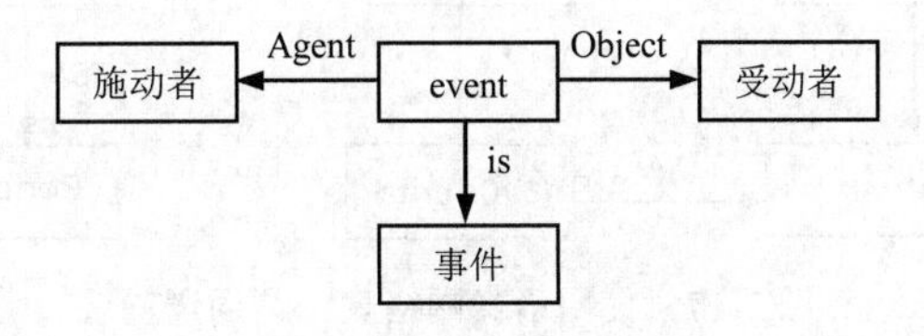

图 3-14　事件语义网络示意图

其中 Agent 代表事件的实施者，Object 代表事件的接受者。“我们都要向抗疫英雄学习”的语义网络示例图如图 3-15 所示。

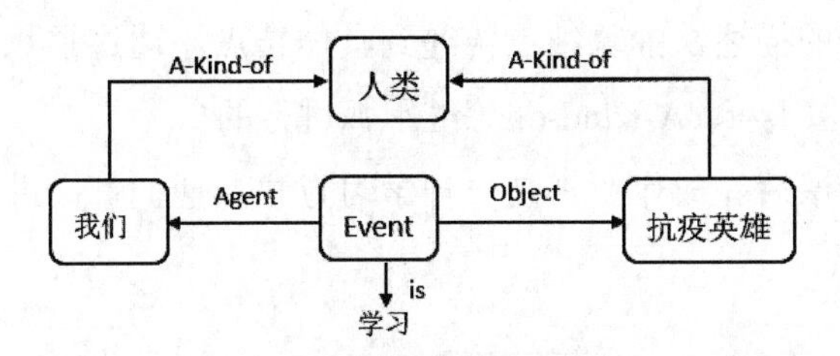

图 3-15　事件动作语义网络示例图

图中的语义表示解释了发生在两个不同事物之间的事件：事件的施动者“我们”对受动者“抗疫英雄”做出了学习的动作，同时二者都属于人类。

3. 语义网络与谓词逻辑

语义网络是一种网络结构。从本质上讲，结点之间的连接是二元关系。谓词逻辑中一元和多元关系很容易转换为语义网络。例如：谓词逻辑中的一元关系 fruit（apple）可以用语义图表示，如图 3-16 所示。

图 3-16　事件动作语义网络示例图

例如：一个科学家给同学们做了一场报告。

使用谓词逻辑表示：报告（科学家，同学们，报告）。其中使用二元谓词表示如下：

```
ISA(D1,Doing-Events)
Giver(D1,Scientist)
Receiptor(D1,Students)
```

Object(D1,Report1)
ISA(Report1,Reports)

使用语义网络表示谓词逻辑如图 3-17 所示。

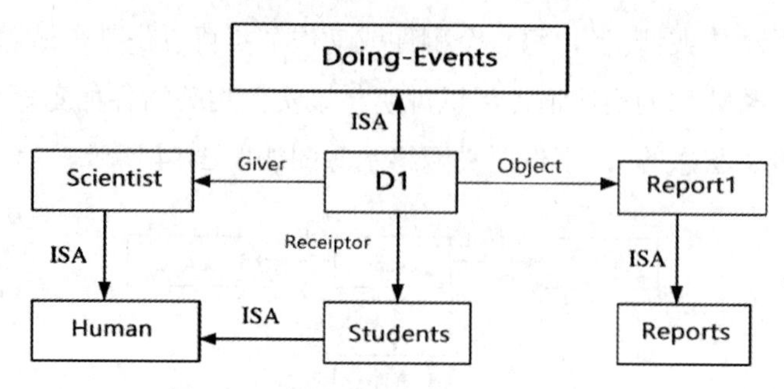

图 3-17 使用语义网络表示谓词逻辑

4. 语义网络推理

用语义网络表示知识的问题求解系统主要包括两大部分，一是由语义网络构成的知识库，二是用于问题求解的推理机构。语义网络的推理过程主要有两种：一种是继承，另一种是匹配。

继承是指把对事物的描述从抽象结点传递到具体结点。通过继承可以得到所需结点的一些属性值，它通常是沿着 Is-a、A-Kind-of 等继承弧进行的。

例如：学生上课和课后完成作业都是一种学习方式，他们都会继承学习方式的特点，继承示意图如图 3-18 所示。

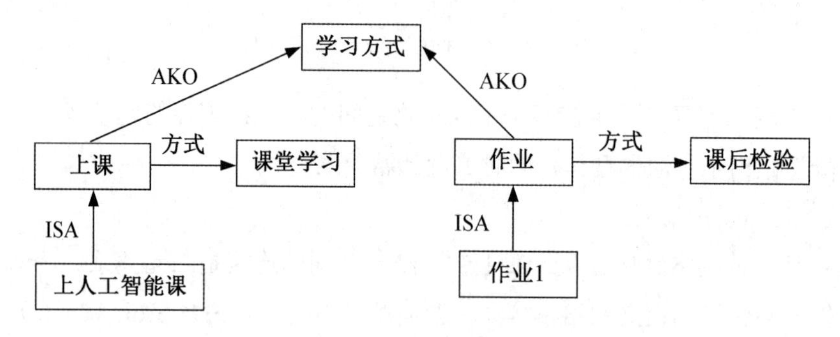

图 3-18 继承示意图

继承的一般过程如下：

（1）建立结点表，存放待求结点和所有以 Is-a、A-Kind-of 等继承弧与此结点相连的那些结点。初始情况下，只有待求解的结点。

（2）检查表中的第一个结点是否有继承弧。如果有，就把该弧所指的所有结点放入结点表的末尾，记录这些结点的所有属性，并从结点表中删除第一个结点。如果没有，仅从结点表中删除第一个结点。

（3）重复检查表中的第一个结点是否有继承弧，直到结点表为空。记录下来的属性就是待求结点的所有属性。

此外，语义网络问题的求解一般是通过匹配来实现的。所谓匹配就是在知识库的语义网络中寻找与待求解问题相符的语义网络模式。

匹配的主要过程如下：

（1）根据问题的要求构造网络片断，该网络片断中有些结点或弧为空，标记待求解的问题。

（2）根据该语义片段在知识库中寻找相应的信息。

（3）当待求解的语义网络片段和知识库中的语义网络片段相匹配时，则与待求解的问题相匹配的事实就是问题的解。

5. 语义网络表示法的特点

（1）结构性：语义网络能将事物的属性以及事物间的语义联系表现出来，是一种解耦固化的知识表示。因下层节点可以继承、新增和变化上层节点的属性，从而达到信息共享的目的。

（2）联想性：强调了事物间的语义联系，体现了人类思维的联想过程。

（3）自然性：语义网络是一种直观的知识表示方法，符合人们表达事物间关系的习惯，比较容易将自然语言转换成语义网络。

（4）自索引性：语义网络将各节点之间的联系结构化表达，很容易找到一个节点与另一节点的相关关系，有效减少搜索时对整个知识库的查找。

本章小结

本章主要介绍了人工智能中知识表示的基本概念及方法，知识表示是人工智能的基本内容，是学习人工智能其他内容的基础。本章重点介绍了知识表示的几种常用方法，包括一阶谓词逻辑、产生式表示法、框架表示法以及语义网络表示法。

本章习题

一、选择题

1. 下列哪个不属于谓词逻辑的基本组成部分？（　　）

A．谓词符号　　B．变量符号　　C．函数　　D．操作符

2. 雪是白色的，这句话是（　　）。

A．规则　　B．事实　　C．过程　　D．元知识

3. 鸟与羽毛属于（　　）关系。

A．包含　　B．类属　　C．位置　　D．时间

二、填空题

1. 知识的组成元素一般包括________、________、________和元知识。
2. 框架通常采用“节点-槽值”表示结构，包括________和________。
3. 产生式系统的推理可分为________和________两种基本方式。
4. 一个产生式系统一般由________、________和________三个基本部分组成。

三、实践题

1. 使用谓词公式表示“每个人都要热爱学习”。
2. 使用产生式表示法表示“李燕和张明是好朋友”。
3. 使用语义网络表示以下事实：

中国是一个伟大的国家，位于世界的东方，中国人民是勤劳的人民。

第 4 章　机器学习初探

生活中人们经常根据经验识别物品的类型，如识别水果的类型。为什么在众多水果中，人们很容易识别不同水果的类型呢？那是因为人们有长期生活经验的积累。人工智能中的机器如何识别各种水果，它们能像人类一样具有识别的能力吗？实际上，机器通过像人类一样学习，在学习过程中不断积累知识和经验，就能获得识别和判断的能力。

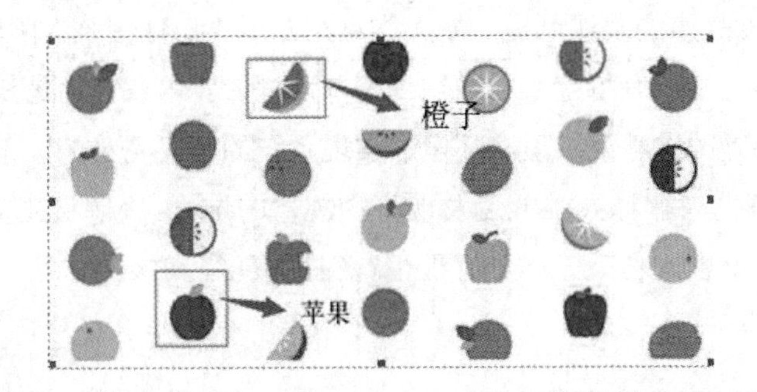

那机器是怎样学习的？人类又是怎样教会机器学习的？本文通过案例说明机器学习中一些基本概念和技术应用。现在就开始了解机器学习吧。

- 了解机器学习概念。
- 了解机器学习算法概念。
- 了解常用机器学习算法类型。

4.1　机器学习

人工智能包括语言理解、物体识别、声音识别、学习和智能地解决人类问题等方面的内容。机器学习（Machine Learning，ML）是实现人工智能的一种方法，是人工智能的核心任务，它来源于早期的人工智能领域，是人工智能研究发展到一定阶段的必然产物。

1959 年美国人塞缪尔（Samuel）设计了一款下棋程序，和原来的计算机程序不同，这个下棋程序具有学习能力，它可以在不断的对弈中改善自己的棋艺，不断地积累经验和吸取教训。一开始这个计算机程序的棋力很差，4 年后，这个下棋程序居然战胜了设计者本人。

塞缪尔在这款程序中，没有使用具体的下棋代码，而是使用一定的训练数据，使用泛型编程方式，让机器从训练数据中学到赢棋的经验，这就是一个机器学习的最初定义。

4.1.1 什么是学习?

学习是人类具有的一种重要的智能行为。但究竟什么是学习，目前还没有一个公认的定义，社会学家、逻辑学家和心理学家都有不同的看法。以下是几个著名的观点。

（1）学习是系统改进其性能的过程。

（2）学习是获取知识的过程。如学习数学中线性代数的知识。

（3）学习是技能的获取。如“小孩学习打篮球”获得的技能知识。

（4）学习是事物规律的发现过程。如人类总结发现“地球围绕太阳转”的规律。

一般来说，学习是一个有特定目的的知识获取过程，其内在行为是获取知识、积累经验、发现规律，外部表现是改进性能、适应环境、实现系统的自我完善。

下面通过一个案例来解释人类学习发现事物规律的过程。“瑞雪兆丰年”是一个农业谚语，如图 4-1 所示。意思是当某一年冬天雪下得很大很多，那么第二年庄稼丰收的可能性就比较大。

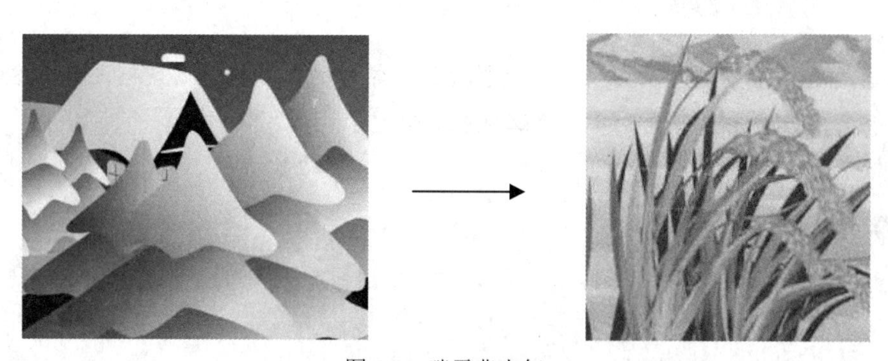

图 4-1 瑞雪兆丰年

瑞雪（现象）和丰收（结论）是怎么联系在一起的？人们又怎么知道瑞雪年粮食会丰收呢？人类的认知过程如图 4-2 所示。

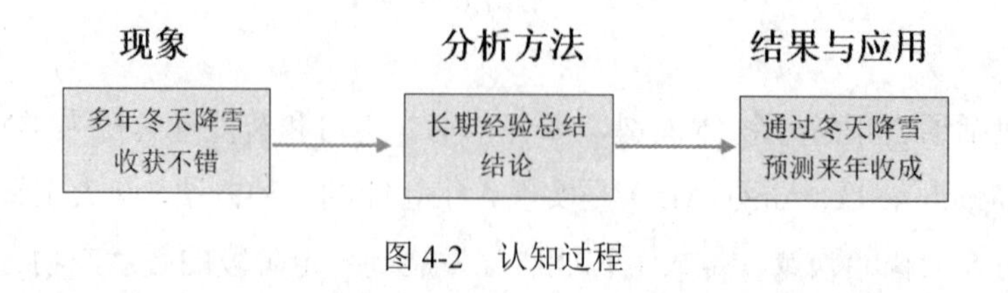

图 4-2 认知过程

人类通过生活环境中的各种现象不断学习，不断获得经验并总结，最终形成结论，生成新的知识，并通过结论（或新知识）反过来预测未来，因此学习和应用是人类智能的一个重要表现。

人类在实际生活中的学习过程大致可以归纳为以下几点。

（1）从各种数据经验中学习。比如，给定一组数据，1,3,5,7,9…人们根据观察和推理，总结出数据变化规律，得出后面的数据应该是 11 和 13 等，并归纳出计算公式为 n+2。

（2）在行动观察中学习。在日常生活中，人们也经常根据行为（习惯）去总结或获得一定的知识，比如瑞雪兆丰年，是劳动人民通过历年观察和总结，得出的经验和结论。

（3）从已有的知识积累中学习创新。比如，学生从课本中学习数学知识、化学知识、物理知识、计算机知识等。

机器学习的重要特征就是要像人类一样自主学习，要求机器在变化的环境中具备自主学习的能力。

4.1.2 机器学习研究

在人工智能体系中，机器学习是一种实现人工智能的方法和手段，即以机器学习为手段解决人工智能中的问题。机器学习理论主要是设计和分析一些让计算机可以自动学习的算法。

简单来说机器学习就是让计算机模拟人的学习行为，自动地通过学习行为学会归纳和总结，获取知识和技能，并不断改善自身的性能，成为具有智能的机器；或者说让计算机也具有自我学习能力，并具有完成单纯通过编程无法完成的任务的能力，具有模拟人类认知和应用能力的一种技术。

机器模拟人类认知的过程，就是机器自我学习的过程。机器学习的结果就是让机器像人类一样，自主综合判断给出答案，而不是依靠人类告诉计算机具体做什么。

机器学习研究包括以下几个方面。

（1）学习机理的研究：研究人类学习机制，即人类获取知识、技能和推理的能力。

（2）学习方法的研究：研究人类学习过程，探索各种可能的学习方法（手段）。

（3）学习系统的建立：根据特定的任务，建立相应的学习系统。

如果要求机器能自行通过学习增长知识、改善性能、提高智能水平、具有人类学习的能力，机器也要像人类一样具有相应的知识学习系统。这意味着要从数据或以往经验中，自动分析获得规律（建模），并利用规律对未知数据进行预测（解决问题）。机器学习的简化模型如图 4-3 所示。

图 4-3 机器学习简化模型

一般机器学习系统模型包括成熟的知识库、学习系统、执行系统和环境。机器学习系统模型如图 4-4 所示。

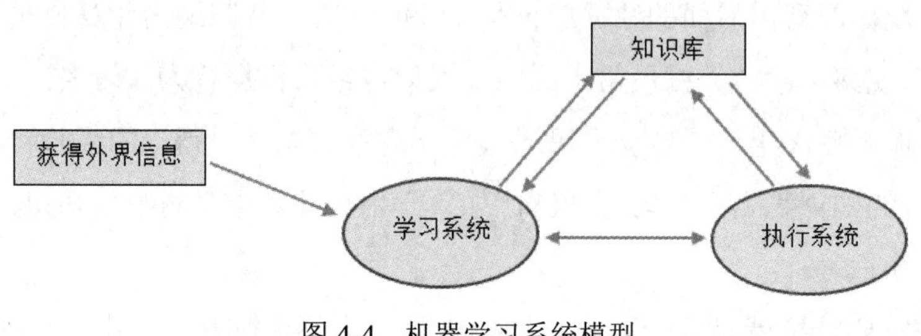

图 4-4 机器学习系统模型

（1）学习环境，通常指学习系统进行学习时所必需的外界的信息来源（而非通常所指的物理环境）。

（2）知识库中的内容类似于人类的经验和总结，可以不断地积累，是已经获得的知识和规则的集合。

（3）学习系统是机器学习的核心，从外界环境获得信息，不断优化模型、积累知识。在这个过程中，获得信息的质量高低就会影响到学习系统对输入信息的区分学习，最终影响到知识结论的判断，学习到的知识也将积累到知识库。

（4）执行系统根据学习系统信息，结合知识库，预测和判断新的未知数据（信息），得出结论，同时也会将执行过程中获得的额外信息反馈给学习系统。

当学习系统获得的信息不完全的时候，根据这些信息推理出的规则或结论（模型）可能是正确的，也可能是不正确的，这就需要通过执行系统加以验证。若执行效果反馈成功，并验证某一条新规则是正确的时候，系统就会将其区分为“是”，否则就会反馈为“否”，并对这部分规则在知识库中进行更新操作。机器学习就是在这种对海量数据进行处理的过程中，自动学习区分方法，从而不断消化新知识。

机器学习系统的特点如下：

（1）具有合适的学习环境：指学习系统进行学习时必需的信息来源。机器从外部环境获得输入信息，学习系统利用这些信息不断修改和完善知识库内容。知识库的内容越完善、越细致，执行系统完成任务的范围和效能就越高。同时，执行系统在知识库完成任务后，还能将在执行过程中获得的信息反馈给学习系统，使学习系统更加完善。影响学习系统设计的最重要的因素是外界向系统提供的信息质量。

（2）具有一定的学习能力：学习系统应该具备模拟人类学习过程的能力，通过学习环境，逐步获得有关知识，并通过实践验证，评价所学知识的正确性。

（3）应用知识解决问题的能力：学习系统能将学到的知识应用于对未来未知情况的估计、分类决策和控制。

（4）具有自我提高的能力：提高学习性能是学习系统的目标，通过学习不仅能够完成原来不能完成的任务，还能在原有性能的基础上不断增长知识，提高解决问题的能力。

4.1.3 机器学习流程

与人类学习过程类似，机器学习也需要将“经验”归纳总结为规律，用于新数据的预测和判断。机器学习与人类学习对比图如图 4-5 所示。

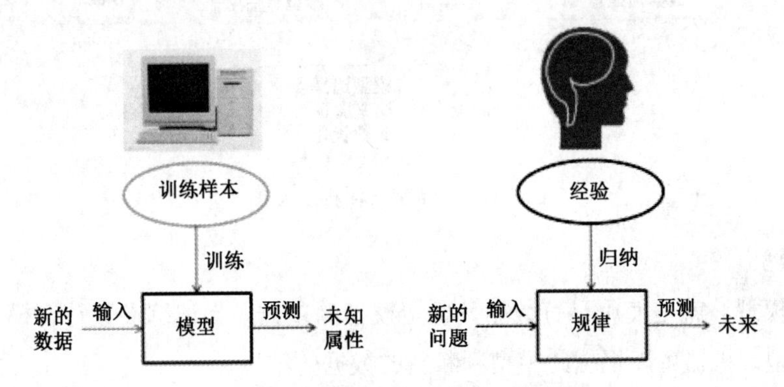

图 4-5 机器学习与人类学习对比图

首先，计算机根据已有数据（称为训练样本）通过机器学习算法进行处理，这个过程在机器学习中叫作“训练”，训练的结果一般称为“模型”，获得的模型反过来可以用来对新的数据进行预测。对新数据的预测过程在机器学习中叫作“预测”。“训练”与“预测”是机器学习的两个重要过程，“模型”则是机器学习过程的产物，“训练”产生“模型”，“模型”指导“预测”。

机器学习流程图如图 4-6 所示，机器学习的流程大致有以下五个步骤。

1. 数据获取

机器学习需要从已有数据（或经验）中自动分析获得规律（建模），数据越多，最终训练得到的模型就可能越可靠，因此，机器学习初始需要获取数据。

2. 数据预处理

收集到的数据质量和数量将决定机器学习质量，以及机器学习获得的模型是否优秀。数据预处理就是将收集获取到的数据进行错误修正、标准化等工作，为下一步特征选择做准备。

3. 特征抽取

从数据中筛选出对象的特征数据，是机器学习很重要的一步。数据特征也可以称为“参数”或者“变量”，比如汽车行驶公里数、用户性别、股票价格、文档中的词频等。

特征数据选择的好坏，对机器学习的结果判断准确与否有直接影响。

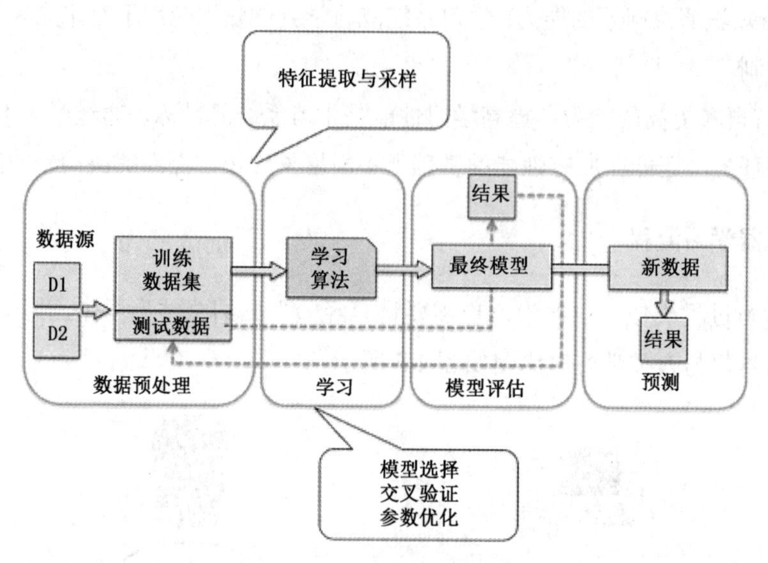

图 4-6 机器学习流程示意图

4. 训练模型

机器学习模型，就是使用已有数据，确定模型的参数。当训练参数符合模型要求后，就获得最后的模型，机器可以根据此模型判断新的数据的结果。

5. 模型评估

当机器通过训练获得一个模型后，需要从各个方面对模型进行评估，如模型准确率、误差，时间、空间复杂度，稳定性，迁移性等。就像人在学习的过程中会犯错误一样，机器训练模型也是不断从错误中进行调整，最终使用最小误差的模型对未知数据进行预测。

4.2 机器学习类型

机器学习的核心是“使用算法分析数据，从数据中学习，然后对未知的某件事情做出决定或预测”。这意味着，机器学习不是直接地编写程序来执行某些任务，而是指导机器如何获得一个模型来完成任务。

机器通过学习可以提取数据规律、创建模型。根据数据类型的不同，与之对应的机器学习类型也不同，主要有监督学习、无监督学习、半监督学习和强化学习等，如图 4-7 所示。

1. 监督学习

监督学习就是根据已有的大量输入数据与输出数据（结果）之间的关系，去寻找合适的算法（函数）并使用算法去预测未来的结果。每个进入算法的训练数据样本都有特征值和对应的期望值即目标值（标签）。机器就是从有标签的训练数据中学习并获得模型，以便对未知或未来的数据做出预测。

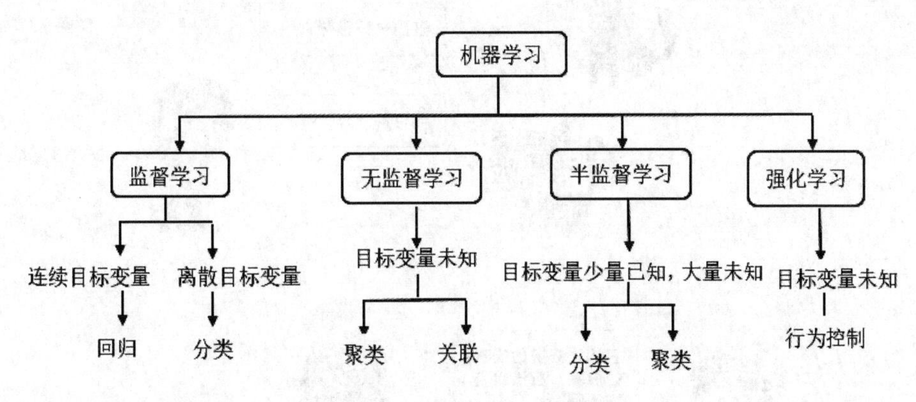

图 4-7　机器学习主要类型

“监督”指的是已经知道样本的输出信号或标签。其主要目标是从有标签的训练数据中学习模型，以便对未知或未来的数据做出预测。监督学习的流程如图 4-8 所示。

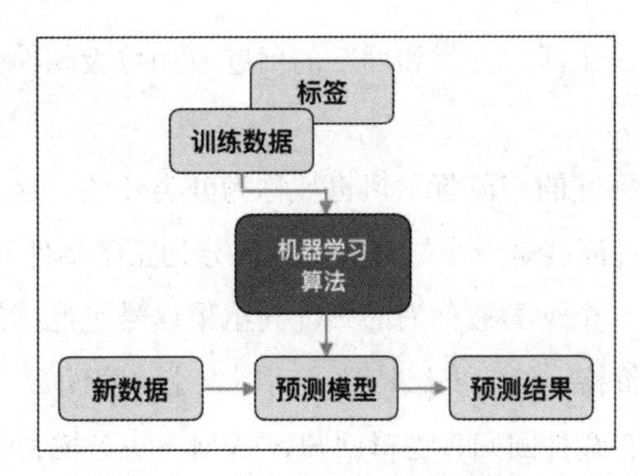

图 4-8　监督学习的流程示意图

监督学习犹如学生在学习过程中有老师讲授一样，会事先输入数据以及对应的结论。比如，我们希望计算机能够识别玫瑰花，就可以事先将很多花的样本输入给计算机。凡是玫瑰花的照片，都打上玫瑰花标签，告诉计算机这是玫瑰花；凡是没有玫瑰花的，就告诉计算机这不是玫瑰花。也就是说，事先对计算机要学习的数据样本进行明确告知，这相当于监督了计算机的学习过程。

监督学习通常涉及一组标记数据，如“有花瓣、有花蕊、有香味、有刺”，则分类标签归类为玫瑰花。然后机器可以使用特定的模式来识别新样本的每种标记类型，如一朵花满足标记数据条件，则输出分类标签就是玫瑰花。当未知的类型具有标签特征，机器就具有对未知数据进行分类标签的能力。猫的识别分类如图 4-9 所示，给不同猫的图片标上猫的标记，机器通过学习，当识别一张从来没有看过的猫的图片时，会识别出这是猫。

图 4-9　监督学习示例——猫的识别分类

监督学习常常用于解决生活中分类和回归的问题，如垃圾邮件分类、判断肿瘤是良性还是恶性等问题。

分类：带有离散分类标签的有监督学习也被称为分类任务，这些分类标签是离散的无序值。例如上述的垃圾邮件过滤就是一个二分类问题，分为正常邮件和垃圾邮件。

回归：监督学习的另一个子类被称为回归，其结果信号是连续的数值。回归的任务是预测目标数值，比如房屋的价格，给定一组特性（房屋大小、房间数等），来预测房屋的售价。

监督学习的经典算法有线性回归、逻辑回归、SVM、决策树和随机森林、神经网络等。

2. 无监督学习

无监督学习又称为归纳性学习。无监督学习中，数据样本事先是无标签的，也就是没有分类的，需要从大量数据中自行获得新方法或新发现，机器需要直接对无标签的数据建立模型，然后对观察数据进行分类或者区分。无监督学习示例——动物分类如图 4-10 所示。

比如，给机器大量不同形态的老虎和狮子等动物的图片，但事先没有明确分类哪些是老虎，哪些是狮子，也就是没有事先对机器要学习的内容分类，不监督机器学习过程。机器自己根据大量不同形态老虎和狮子的图片自行获得老虎和和狮子的特性，按照相似性分成两大类。由于真实世界中大多数数据都没有标签，这些算法特别有用。

无监督学习方法主要用于生活中的聚类问题和可视化降维。聚类分析用于根据属性和行为对对象进行分组，本质是把相似的类型聚集在一起。虽然所有数据只有特征向量没有标签，不过可以学习这些数据呈现出的聚群的结构。通常把这些没有标签的数据分成一个个组合，也就是聚类（Clustering）。

图 4-10　无监督学习示例——动物分类

因为聚类的结果没有标准答案，聚类通过目标或结果变量来进行预测或估计，不局限于解决有正确答案的问题，对训练数据进行聚类，不同群体的目标结果也不一定十分明确。

可视化降维通过找到数据集中的共同点来减少数据集中的变量，数据降维主要用于大数据处理的特征工程应用。

3．半监督学习

半监督学习是模式识别领域研究的重点问题，是监督学习与无监督学习相结合的一种学习方法。半监督学习使用大量的未标记数据，同时使用标记数据，来进行模式识别工作。所给的数据有的是有标签的，而有的是没有标签的，如图 4-11 所示。

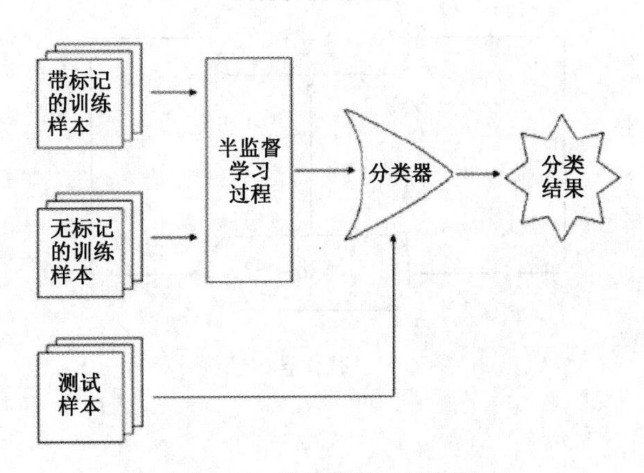

图 4-11　半监督学习示意图

4．强化学习

强化学习就是从环境到行为映射的学习，机器经过培训，可以做出具体决策。强化学习的目标是开发系统或代理，通过它们与环境进行交互，提高其预测性能。环境状态的信息通常包含所谓的奖励信号，强化学习反馈并非标定过的正确标签或数值，而是奖励函数对行动的度量。

强化学习使用机器行为历史和经验来做出决定。与监督和非监督学习不同，强化学习不涉及提供“正确的”答案或输出，相反，它只关注性能和行为。类似于人类根据积极或消极的结果来学习，比如，一个小孩刚开始不知道玩火会被灼伤，一旦不小心被灼伤了，以后就会小心避开火源。强化学习如图 4-12 所示。

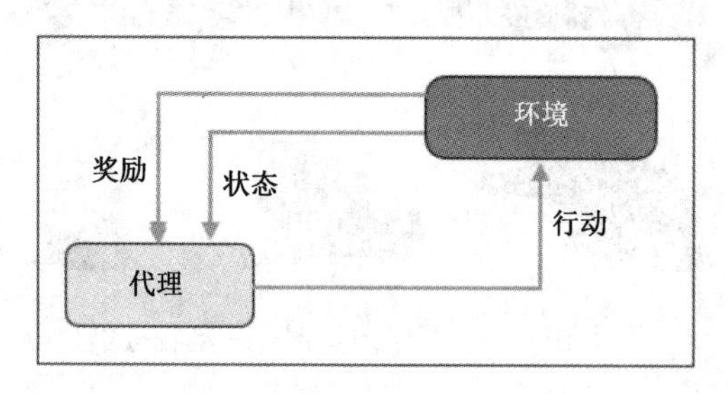

图 4-12　强化学习示意图

强化学习的经典应用是玩游戏，如一台下棋的电脑可以学会不把它的国王移到对手的棋子可以进入的空间。刚开始，电脑完全不知道如何将棋子放到正确的地方，但是，一旦电脑将棋子放在正确的地方，就给电脑奖励（如增加分值），一旦放到会被对方攻击到的地方，就惩罚（如扣掉分值）。经过大量的训练后，电脑逐渐在奖励和惩罚中，学会了正确放置棋子。这一基本训练可以被扩展和推断出来，直到机器能够打败人类顶级玩家为止。强化学习示例如图 4-13 所示。

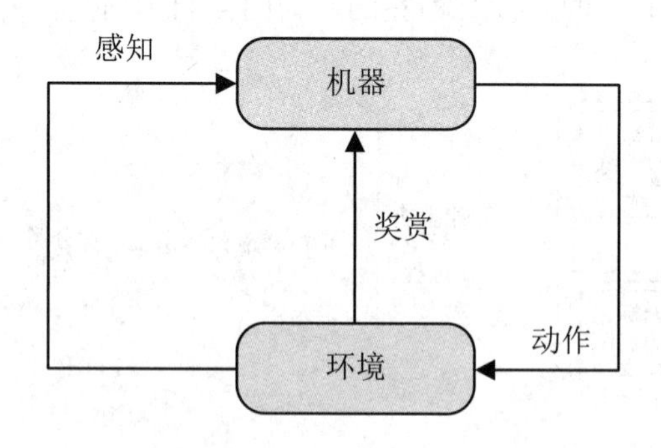

图 4-13　强化学习示例

4.3　机器学习算法

传统计算机编程可以理解为处理某问题的流程。比如计算某个数的平方，可以利用公式

$s=x^2$，当输入一个变量 x 的具体值之后，公式的等号左边输出一个具体的 x 平方的值。其中公式 $s=x^2$ 的计算流程是固定的。

但是生活中大量的场景没有固定的流程和公式可以处理，例如预测某天的天气情况、房价的走势等。不过，生活中这种情况却有大量的数据积累，如几十年的天气状况数据，每年的房价数据等。如果机器可以从大量的数据中提取有效的信息，使用类似于人的归纳来替代人为设计的算法，这种学习方式即为机器学习算法。

机器学习算法就是机器创建数据“模型”的过程，机器使用算法就是从数据中“学习”，或者对数据集进行“拟合”的过程。数据模型的获得需要通过算法实现，算法是指机器学习的具体手段和方法，通过使用已知的输入数据和输出结论以某种方式“训练”来对特定输入进行响应，并使得这个过程高效且准确，本质上就是解决如何获得模型的最优解。

人工智能的发展离不开机器学习算法的不断进步。从机器训练数据方法的角度看，机器学习有很多种算法，著名的机器学习算法有回归算法、分类算法、基于实例的算法、正则化算法、决策树算法、贝叶斯算法、聚合算法、关联规则学习算法和人工神经网络算法。其中人工神经网络算法是目前应用比较广泛的一种算法。常用机器学习算法类型如图 4-14 所示。

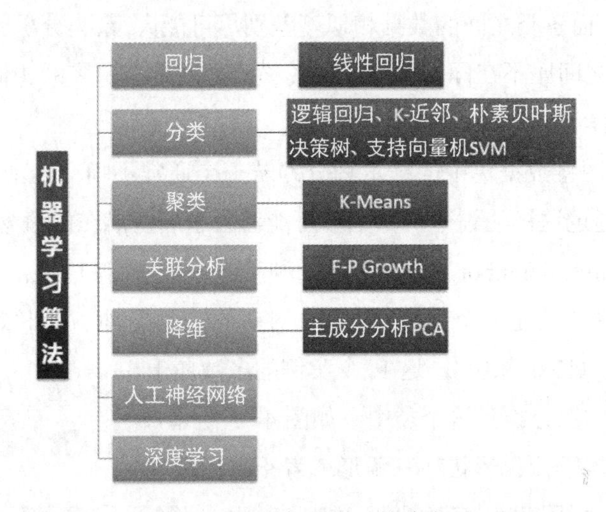

图 4-14　常用机器学习算法类型

1. 回归算法

回归是指确定两种或两种以上变量间相互依赖的定量关系的一种统计分析方法，通过建立一个回归方程（函数）来估计特征值对应的目标变量的可能取值。最常见的是线性回归（$y=ax+b$），即找到一条直线来预测目标值。

回归问题主要是针对连续型变量的，对已经存在的点（训练数据）进行分析，拟合出适当的函数模型 $y=f(x)$，这里 y 就是数据的标签。而对于一个新的自变量 x，通过这个函数模型得到标签 y。这里的 x 和 y 一般是连续型变量。

回归包括线性回归和逻辑回归，线性回归算法是基于连续变量预测特定结果的监督学习算法，而逻辑回归主要用于预测离散值结果。

应用场景如下：

（1）预测客户终生价值：基于老客户历史数据与客户生命周期的关联关系，建立线性回归模型，预测新客户的终生价值，进而开展针对性的活动。

（2）机场客流量分布预测：以海量机场 Wi-Fi 数据及安检登机值机数据，通过数据算法实现机场航站楼客流分析与预测。

（3）货币基金资金流入流出预测：通过用户基本信息数据、用户申购赎回数据、收益率表和银行间拆借利率等信息，以及对用户的申购赎回数据的把握，精准预测未来每日的资金流入流出情况。

（4）电影票房预测：依据历史票房数据、影评数据、舆情数据等互联网公众数据，对电影票房进行预测。

2. K-近邻算法

在机器学习中，聚类是一个很重要的概念。聚类是指将数据集划分为若干类，使得各类之内的数据最为相似，而各类之间的数据相似度差别尽可能大。聚类分析就是以相似性为基础，在一个聚类中的模式之间比不在同一个聚类中的模式之间具有更多的相似性。对数据集进行聚类划分，属于无监督学习。

“聚类算法”试图将数据集中的样本划分为若干个通常不相交的子集，每个子集称为一个“簇”（cluster），通过这样的划分，每个簇可能对应于一些潜在的概念或类别。

K 近邻法（K-nearest neighbor，KNN）是一种基本分类与回归方法，属于监督学习中的一种分类算法。基本思路是给定一个训练数据集，对新的输入实例，在训练数据集中找到与该实例最邻近的 K 个实例（K 个邻居），这 K 个实例的多数属于某个类，就把该输入实例分类到这个类中。如图 4-15 所示，如何判断中间的圆点属于什么形状（三角形或者正方形）？当选择 K 值为 3 时，里面圆圈中三角形个数为 2，正方形个数为 1，预测圆点为三角形；但是当选择 K 值为 5 时，外围虚线圆圈中，正方形个数为 3，大于三角形个数 2，根据最邻近原则，圆点很可能为正方形。

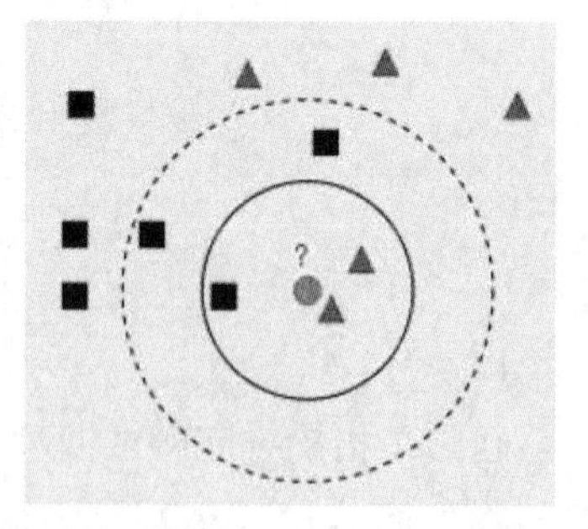

图 4-15　K-近邻图示例

应用场景：主要用于分类，如电影类型是战争片、儿童片，还是喜剧片等。

3. 决策树

决策树（Decision Tree），又称为判定树，是一种以树结构（包括二叉树和多叉树）形式表达的预测分析模型，最简单的就是二元划分，类似于二叉树。决策树的表现形式和 if-else

类似，是一类常见的机器学习算法。决策树模型如图4-16所示。

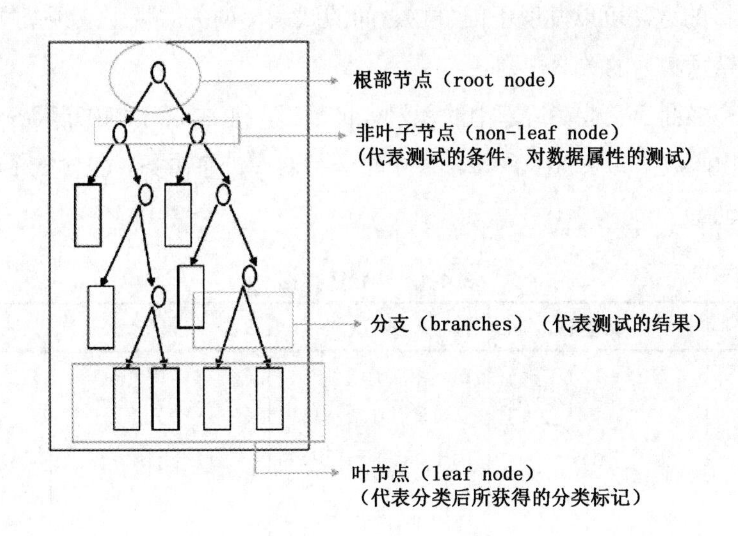

图4-16　决策树模型

（1）通过把实例从根节点排列到某个叶子节点来分类实例。

（2）叶子节点为实例所属的分类。

（3）树上每个节点说明了对实例的某个属性的测试，节点的每个后继分支对应于该属性的一个可能值。

其中叶子结点就对应决策结果，其他的根节点和内部节点就对应于一个属性测试。决策树学习的目的就是产生一棵泛化能力强，即处理未见事例能力强的决策树。

应用场景：生活中的二分判断分类，如选择西瓜的好与不好过程，如图4-17所示。

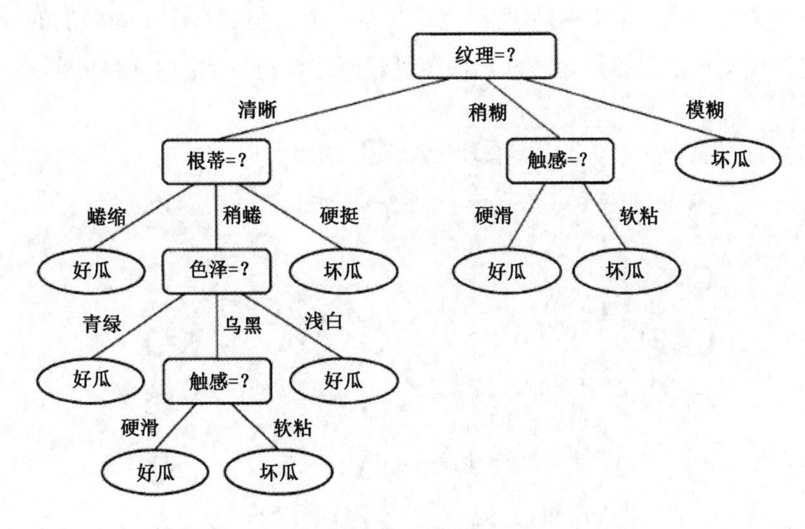

图4-17　决策树应用场景

4. 关联分析

利用关联分析的方法可以发现不同事物之间的联系，如关联规则或频繁项集。例如挖掘啤酒与尿布（频繁项集）的关联规则。

应用场景：许多商业企业在运营中的积累大量数据，通常称为购物篮事务（market basket transaction）。购物篮数据如表 4-1 所示，表中每一行对应一个事务，包含一个唯一标识 ID，对应一个购物活动。

表 4-1 购物篮数据

ID	面包	牛奶	尿布	啤酒
1	1	1	0	0
2	1	0	1	1
3	0	1	1	0
4	1	1	1	0
5	1	1	1	0

通过关联分析可以看出，购物牛奶的人一般会购买尿布，牛奶和尿布不同事物之间存在关联。

不过，通过关联分析所发现的某些模式也有可能是假的，因为它们可能是偶然发生的。

5. 深度学习

深度学习（Deep Learning），也称深度神经网络，有时也称为深度结构学习（Deep Structured Learning）、层次学习（Hierarchical Learning）或者深度机器学习（Deep Machine Learning），是一类算法集合，也是机器学习的一个分支。

深度学习概念源于人工神经网络的研究。其本质上就是含有多个隐藏层的神经网络学习结构，是使用深层架构的机器学习方法。深度神经网络模型图如图 4-18 所示。

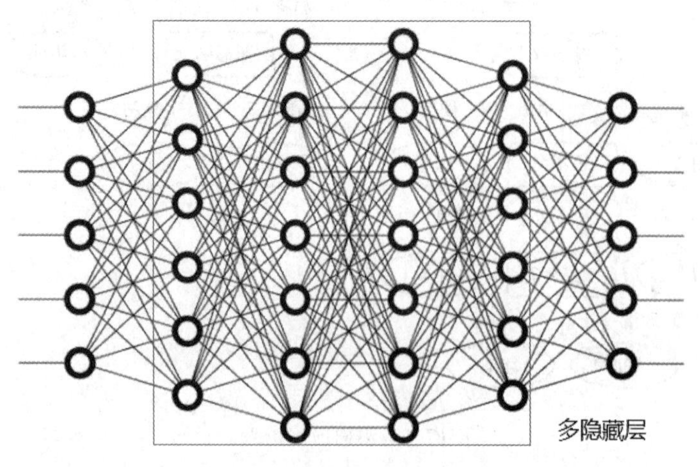

图 4-18 深度神经网络模型图

深度学习的常用模型有循环神经网络、卷积神经网络，应用场景如下：

（1）NLP（自然语言处理），自然语言处理包括以下多个方面。

1）语音识别，语音合成自动分词，句法分析，语法纠错，关键词提取，文本分类/聚类，文本自动摘要，信息检索。

2）知识图谱，机器翻译，人机对话，机器写作。

3）推荐系统，高考机器人。

4）信息抽取，网络爬虫，情感分析，问答系统。

（2）图像方面的应用。

1）大规模（大数据量）图片识别（聚类/分类），如人脸识别、车牌识别、OCR 等。

2）以图搜图，图像分割。

3）目标检测，如自动驾驶的行人检测、安防系统的异常人群检测。

（3）数据挖掘、风控系统、推荐系统、广告系统、游戏、机器人等方面。

4.4 机器学习模型

机器学习过程是从有限的观测数据（经验）中学习，总结出一般性规律，并将总结出来的规律推广应用到未来的观测样本中。机器学习最终需要获得模型进行未知预测，这意味着其不再是显式地编写程序让计算机来执行某些特定（具体）任务，而是转为教机器自己如何获得模型来完成任务。

1. 早期机器运算

早期人工智能以推理、搜索、演绎为主要技术手段，这些技术都是将人的思维符号化，然后对这些符号进行运算。这样的系统里面的知识都是事先输入和程式化的，通常都是由程序员编制好程序，机器自身没有归纳推理，所以机器不能获取和生成新的知识，而只能按照人类事先规定的步骤实现某种功能。人类规定的处理过程步骤，一般称为指令算法。除非人类主动修改程序，否则机器就一直按照处理过程处理输入数据。处理模型如图 4-19 所示。

图 4-19　早期机器程序处理模型

数据输入到机器，机器按照事先编好的处理流程处理后，输出结果。如计算两个数的和，程序的加法处理流程就是事先编写好的。

2. 机器学习模型

自人工智能创立至今，人们一直在研究机器学习。在机器学习的过程中，不需要告诉计算机应该怎么去解决问题，而是只要给到足够的观测数据，机器将会自动从这些数据中提取出解决方法，也即获得知识，并且能调整学习机制，提高学习精度。

机器学习的目的就是让机器学会分析训练数据，自主寻找模型，而不是靠人为设计的模型。那什么是模型呢？模型就是针对给出的不同变量之间数学或者概率联系的一种规范（函数关系或统计关系）。

模型是机器学习的最终“产品”（可用于预测新数据，如判断一封邮件是否为垃圾邮件），是机器通过大量训练数据提取出来并使用数学描述的规律。模型确定以后，可以使用它来描述之前未见过的数据，并对这些数据进行预测和判断。

机器学习的目标是利用已有的数据来开发可以用来对新数据预测多种可能结果的模型，也叫作预测模型或数据挖掘。具体应用如下：

（1）预测一封邮件是否是垃圾邮件。

（2）预测一笔信用卡交易是否是欺诈行为。

（3）预测哪种广告最有可能被购物者点击。

机器学习系统与模型示意图如图 4-20 所示。当给机器大量的训练数据（样本数据），机器通过学习得到提取数据的规律，即模型；反过来，当输入数据时，机器将利用得到的模型去预测或者推导出结果。

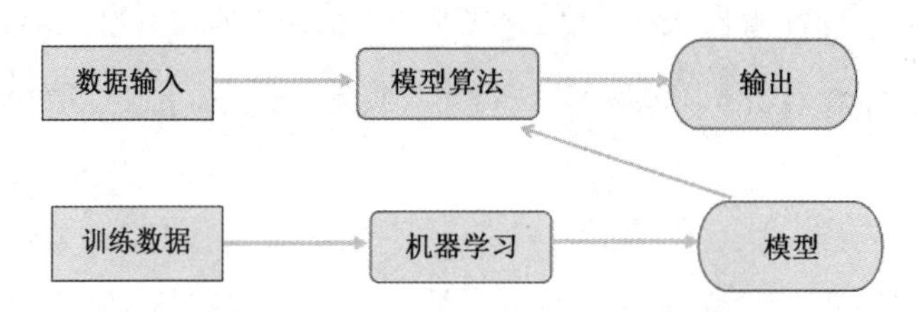

图 4-20 机器学习系统与模型示意图

4.5 机器学习应用领域

机器学习应用领域十分广泛，同时，机器学习与其他领域的处理技术的结合，形成了计算机视觉、语音识别、自然语言处理（NLP）、数据挖掘等交叉学科。

目前机器学习在众多领域外延和应用，如模式识别、问题求解、生物特征识别、搜索引擎、医学诊断、检测信用卡欺诈、证券市场分析、DNA 序列测序、语音和手写识别、专家系统和机器人，如图 4-21 所示。

1. 计算机视觉

计算机视觉是帮助计算机理解图片图像和视频的技术，计算机视觉包括图像处理与机器学习。图像处理技术用于将图像处理为适合进入机器学习模型中的输入，机器学习则负责从图像中识别出相关的模式。

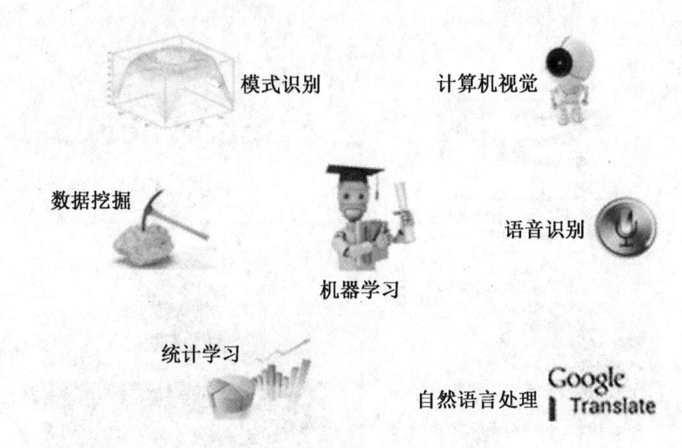

图 4-21　机器学习应用领域

目前计算机视觉研究在光学字符识别（OCR）、机器检查、3D 模型建筑、医学影像、动作捕捉、生物特征识别等方面取得了巨大的进展。

计算机视觉相关的应用非常多，例如百度识图、手写字符识别、车牌识别等应用。随着机器学习的新领域——深度学习的发展，计算机图像识别的效果大大提高，未来计算机视觉的发展前景不可估量。人脸识别示例如图 4-22 所示。

图 4-22　人脸识别示例

2. 语音识别

语音识别就是将音频处理技术与机器学习结合，以语音为研究对象，通过语音信号处理和模式识别让机器自动识别和理解人类口述的语言，其本质是一种模式识别系统，包括特征提取、模式匹配、参考模式库等三个基本单元。

语音识别技术一般不会单独使用，通常结合自然语言处理的相关技术。目前的相关应用有苹果的语音助手 Siri、小度语音助手等。苹果 Siri 语音助手应用示例如图 4-23 所示。

3. 自然语言处理

让机器理解人类的语言是自然语言处理技术的主要任务，是人工智能和语言学相结合的技术研究。此领域探讨如何处理及运用自然语言，特别是如何使计算机成功处理大量的自然语言数据。

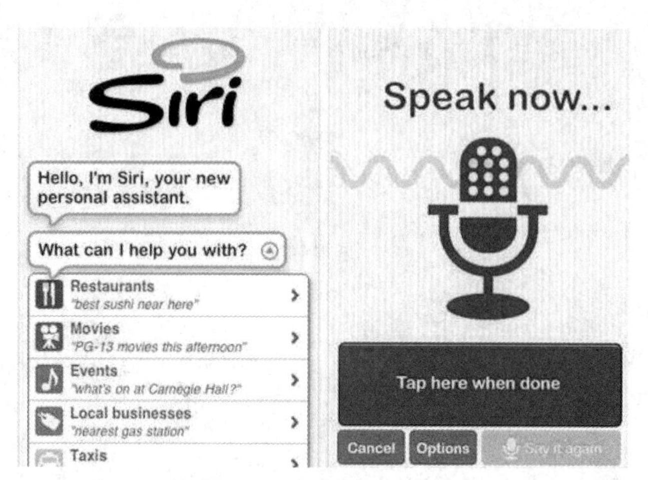

图 4-23　苹果 Siri 语音助手应用示例

在自然语言处理技术中，大量使用了编译原理相关的技术，如词法分析、语法分析等，除此之外，在理解这个层面，则使用了语义理解、机器学习等技术。

自然语言处理的基本任务包括正则表达式、分词、词法分析、语音识别、文本分类、信息检索、问答系统（如对一些问题进行回答或与用户进行交互）、机器翻译等。常用的模型有马科夫模型、朴素贝叶斯、循环神经网络等。

机器翻译是自然语言处理的一个分支，是能够将一种自然语言自动转成另一种自然语言又无需人类帮助的计算机系统。目前，谷歌翻译、百度翻译等人工智能行业巨头相继推出了各自的翻译平台。百度翻译应用示例如图 4-24 所示。

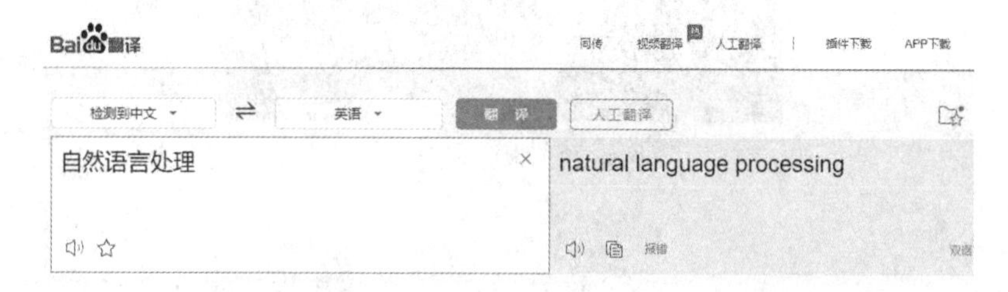

图 4-24　百度翻译应用示例

4．数据挖掘

数据挖掘是主要应用于大数据领域，利用机器学习的模型来挖掘数据中的潜在价值，发现数据之间的关系，提取隐含在其中的、人们事先不知道的但又可能有用的信息和知识的过程，比如根据房价的变化预测房价走势、对大量气象资料和销售资料的处理及分析。德国的啤酒商发现，夏天气温每升高 1℃，啤酒的销量就会增加 230 万瓶；而日本人则发现，夏季 30℃以上的天气每增加一天，空调的销量便增加4万台。数据挖掘如图4-25所示。

图4-25　数据挖掘

数据挖掘是一项与业务流程交互的业务流程。数据挖掘以数据作为开始，通过分析来启动或激励行为，这些行为反过来又将创建更多需要进行数据挖掘的数据。

数据挖掘常用于分类预测、数值预测、聚类分析、关联规则、时序预测、偏差预测等方面。

本章小结

本章主要对人工智能技术机器学习的知识进行了介绍，包括机器学习概念、机器学习流程、机器学习模型与算法以及应用领域。重点知识有机器学习概念、机器学习流程、机器学习模型与算法理解以及机器学习应用领域。

本章习题

一、填空题

1．一般机器学习系统模型包括成熟的________、________、________和环境。

2．机器学习类型主要有________、________、________。

3．机器学习中，从数据中“学习”，或者对数据集进行“拟合”的过程，称为________。

4．机器学习过程是从有限的观测数据（经验）中学习，总结出一般性规律，并将总结出来的规律推广应用到未来的观测样本中，机器学习最终需要获得________对未知进行预测。

5．决策树又称为判定树，是一种以________形式表达的预测分析模型。

二、简答题

1．什么是机器学习？

2．机器学习的类型有哪些？

3．什么是机器学习模型？

4．机器学习模型和算法的区别与联系有哪些？

第 5 章　神经网络

一直以来，机器只能严格按照人类设定好的程序进行工作，不具备自我学习的能力。为了使得机器也能够具备“智能”，机器学习领域的科学家始终在探索一个问题，那就是人的大脑究竟是如何工作的。长时间以来，相关领域的科学家都在尝试从各个学科和角度上来解答这一问题。在此过程中，众多科学家和研究者的研究逐渐形成了一个统一的、多学科互相渗透的领域——神经网络。

- 了解神经网络的原理。
- 掌握手写数字识别案例。
- 了解激活函数的作用。

5.1　神经网络的发展历程

神经网络模拟人类大脑信息处理过程。人类首先通过眼睛、鼻子、耳朵或者手等感官获得外部信息，然后在大脑的神经元之间形成刺激，传递给下一个神经元，以此来形成和存储信息。不过需要特别说明的是，现在的神经网络和人类真正的大脑的神经处理系统比起来，还处于一个很低的水平。

1943 年，美国心理学家麦卡洛克（McCulloch）和数学家皮特斯（Puts）两人一起合作探索人类神经元的工作原理，并发表了论文 *A Logical Calculus of Ideas Immanent in Nervous Activity*。这篇文章指出，人类大脑的脑细胞的活动就像通电开关一样，可以自由地实现开关和闭合，同时有多种多样的组合方式，形成多种不同的逻辑关系，实现逻辑运算。按照这个设想，他们用电路组成了简单的神经网络的模型。虽然实际的情况还存在很多问题，但是这篇文章给了人们一个启示，即人类大脑的活动是依靠细胞的组合和运动来实现的。此模型沿用至今，并且影响着很多后来该领域的研究者，因此二人被称为神经网络的先驱。

1969 年，马文·明斯基（Marvin Minsky）和西蒙·派珀特（Seymour Papert）二人通过分析当时的感知器模型，发现了它所存在的问题，即该模型具有很强的局限性，并不能很好地适用于实际应用，甚至无法解决简单的“异或”问题。此后人们对于感知器的研究热情迅速冷却下来，并纷纷把资金和技术投向了其他领域，这也使得关于神经网络的研究陷入了低谷。

1984 年，霍普菲尔德（Hopfield）设计出了一种电路结构，能够比较好地处理传输控制协议问题，寻找到了最佳近似解。之后的 1985 年，其他的一些研究者在 Hopfield 的网络结构中加入了随机机制，解决了一个多层网络的学习问题。这使得人们对神经网络的研究重新燃起了兴趣。于是在接下来的几年，大量的资金又进入到了神经网络领域的研究之中。

经过第二轮的发展之后，受限于当时的硬件水平和数据的获取难度，有关神经网络的研究又开始陷入停滞。不过随着神经网络在语音识别中的应用以及 2011 年的卷积神经网络在图像分类、图像检测和图像识别领域的重大突破，神经网络的发展再次兴盛起来。2015 年杨立昆（Yann LeCun）、本吉奥（Bengio）和辛顿（Hinton）在 *Nature* 杂志上刊发了一篇综述深度学习的文章，这标志着深度神经网络不仅在工业界获得成功，还真正被学术界所接受。在接下来的章节中，我们就来一起学习神经网络的组成和工作原理。

5.2 神经网络的基本原理

从人工智能的概念首次提出开始，人类尝试了各种各样的方法来实现机器的人工智能，其中包括有决策树、聚类和归纳总结等。不过这些都是“假”的人工智能，这是因为人类能够明白它们处理问题时内部的分析过程，并且特征需要人类寻找之后，写为机器语言后才能被执行。

直到神经网络的出现，机器学习才开始有了智能。这是因为在训练神经网络的参数模型时，人类只需要给模型输入大量的数据和对应的数据标签，神经网络技术就能够自行开始训练和寻找数据的特征，最后输出结果。整个过程对于人类来说，就像一个黑匣子。人类很难看清或者明白神经网络所归纳出的特征向量所代表的具体含义。如人们在教育自己的孩子时，会教授他们各种知识和判断对错，这个过程是在给他们进行数据的输入和标签的标识。然而每一个孩子接收相同的数据后都会产生不同的想法，人们也并不清楚孩子的想法究竟是如何产生的。

根据生物学的知识，人类的大脑中有数十亿的神经细胞，它们彼此互相连接，组成了一个庞大的神经网络，如图 5-1 所示。

神经网络正是模仿了大脑的网络结构，带隐藏层的神经网络如图 5-2 所示。其中每一个框代表着一个神经元，通常输入层和输出层不计入层数之中。

构建好神经网络之后，需要输入数据和数据的标签，数据的标签指的是这些数据所表示的含义的数学表示。比如输入一张人的照片，输入数据指的就是这张照片的全部像素值，标签则是这张照片的数学表示，假设为 6。

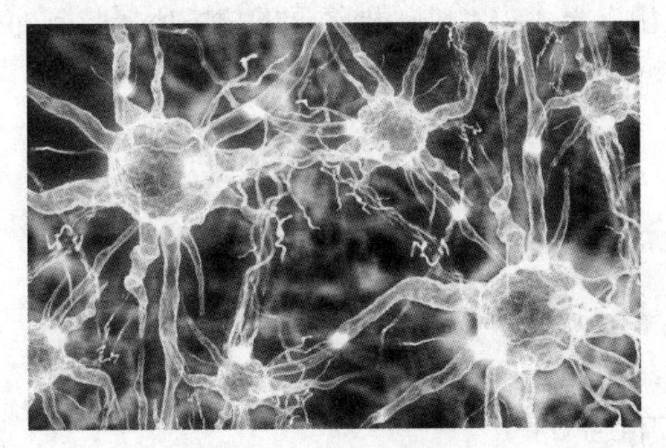

图 5-1　大脑的神经网络

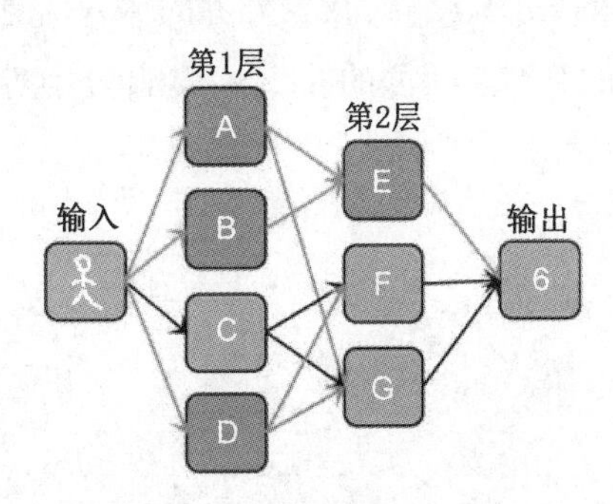

图 5-2　带隐藏层的神经网络

接下来神经网络的内部就会不断地调整自己的参数，产生不同的输出。假设第一次输出的结果为 120，与 6 相差较远，二者之间的差就称为损失。接下来神经网络就会通过梯度下降的方法重新调整参数，直到最后的输出结果为 6 或接近 6。整个过程并不需要人类参与。

神经网络由多个神经元连接起来，之后对每个神经元的输出添加一个激活函数，对其进行非线性化处理，最后按照梯度下降的方法使得损失函数降为最低。下面从简单的神经元开始介绍神经网络复杂结构的形成。

5.2.1　神经元

在生物学上一个神经元通常具有多个树突，主要用来接受传入信息；而轴突只有一条，轴突尾端有许多轴突末梢可以给其他多个神经元传递信息。轴突末梢跟其他神经元的树突产生连接，从而传递信号。这个连接的位置在生物学上叫作“突触”。人脑中的神经元形状如图 5-3 所示。

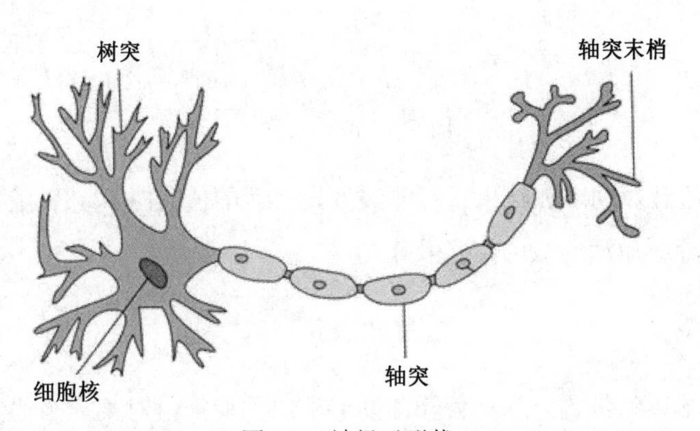

图 5-3　神经元形状

神经元模型是一个具有输入数据、输出预测和计算方法的模型。输入的数据可以类比为神经元的树突，预测的结果则可以类比为神经元的轴突，计算类比为细胞核。

神经元细胞的树突可以接收来自外部的多个强度不同的刺激，并在神经元细胞体内进行处理，然后将其转化为一个输出结果。人工神经元也有相似的工作原理，单层神经网络如图5-4所示。a_1、a_2、a_3代表外界的输入信息，就相当于人类大脑的神经元的树突所接收到的外界信息的刺激，后面的w_1、w_2、w_3分别对应的是a_1、a_2、a_3的强度。

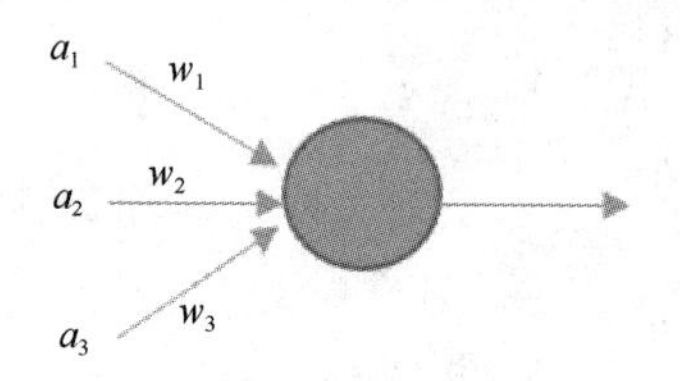

图 5-4　单层神经网络

那么对于这些外部信息的最终处理结果就可以用 $a_1w_1+a_2w_2+a_3w_3$ 来表示。例如，影响一个人决定是否外出看电影的因素有三个。其中 a_1 表示电影的吸引力，a_2 表示天气状况，a_3 表示交通情况。那么此人最终是否选择去观看电影，这时需要综合这三个因素决定，可将这三个因素所占的比重定义为w_1、w_2、w_3。

将神经元中的所有变量用符号表示，并且写出输出的计算公式，得出的神经元模型如图5-5所示。

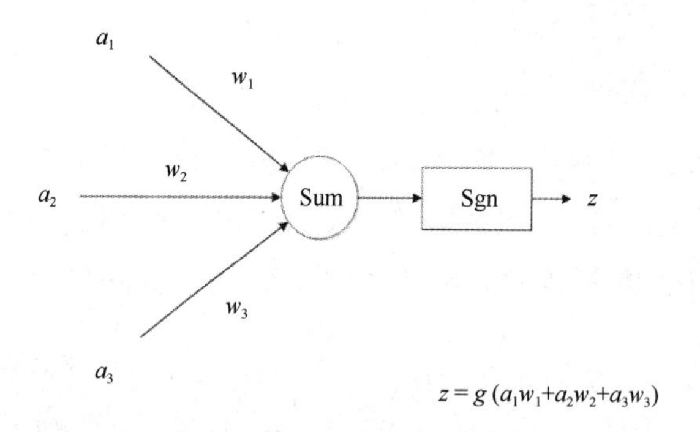

图 5-5　神经元模型

其中z是对最终计算的求和结果进行非线性转换后的值。在模型里，函数g也叫激活函数。接下来就来详细地介绍激活函数的定义及作用。

5.2.2　激活函数

激活函数是在输出的位置，为了使输出能够非线性变换，对某一个输出添加的一个函数。若不使用激活函数，每一层输出只与它的前一层输出进行了线性相乘。线性函数与线性函数相乘的结果，仍然是一个线性函数。而激活函数的使用给神经网络引入了非线性的因素，使得神经网络可以逼近任何非线性函数。如上文观看电影的案例中，按照权重相乘后进行累加，假定

w_1=3、w_2=2、w_3=4、a_1=1、a_2=2、a_3=1，则 $a_1w_1+a_2w_2+a_3w_3$ 的计算结果为 3×1+2×2+4×1=11。11 是对此人是否观看电影的预测结果，但是这并不符合人类的表达习惯，因此通过一个非线性函数 $\sigma(x)=\dfrac{1}{1+\mathrm{e}^{-x}}$ 将其映射到[0,1]的区间，结果为 0.99。就可以表述为此人观看电影的概率为 99%。

激活函数除了对最终的输出结果进行非线性转换之外，也常用于神经网络结构中每一个神经元的输出结果转换中。因为神经网络所需要解决的问题，往往并不是线性关系，而绝大多数都是非线性关系。如图像识别中，多个像素值确定一个输出值，其中有些像素值对于最终值的确定并无关系，如识别人的照片中的背景所产生的像素值，就对检测此人无价值。这就是一种非线性的对应关系。

常用的激活函数主要有以下四种：Sigmoid 函数、Tanh 函数、Relu 函数和 PRelu 函数。

1. Sigmoid 函数

Sigmoid 函数公式和函数图像如公式（5.1）和图 5-6 所示。

$$\sigma(x)=\frac{1}{1+\mathrm{e}^{-x}} \tag{5.1}$$

从函数的坐标图来看，无论横轴的数据是多少，纵轴只在(0,1)区间输出，由此很容易联想到概率问题。需要注意的是，从严格意义上说，它并不是真正的概率问题。Sigmoid 激活函数常用于分类问题，如判断一张图片属于某些分类的概率是多少。

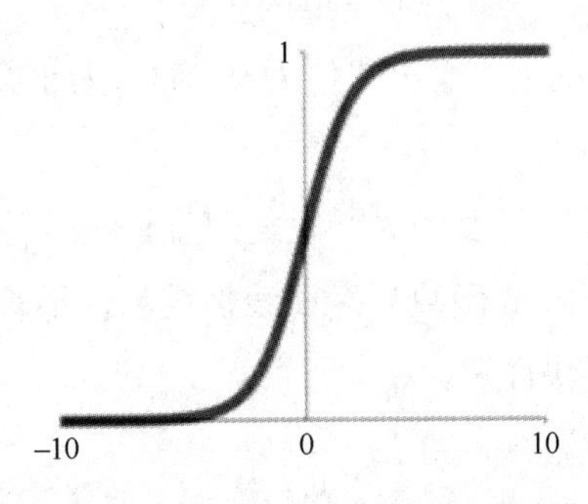

图 5-6　Sigmoid 函数图像

这个激活函数也有一些缺陷。首先，从坐标图上可以看到，输入的数据远离原点附近的时候，梯度（也就是图像的斜率）很小，那么在神经网络的反向传播时，速度就会非常缓慢，需要训练很多次才能使得损失函数收敛。这样不利于权重的优化，这个问题叫作梯度饱和，也可以叫梯度弥散。

2. Tanh 函数

Tanh 函数公式和函数图像如公式（5.2）和图 5-7 所示。

$$\tanh(x)=\frac{\sinh(x)}{\cosh(x)}=\frac{e^{x}-e^{-x}}{e^{x}+e^{-x}} \tag{5.2}$$

Tanh 函数是双曲正切函数，它和 Sigmoid 函数的曲线是比较相近的。首先相同的是，这两个函数在输入（横轴数值）很大或很小的时候，输出都几乎平滑，梯度很小，不利于权重更新；不同的是，Tanh 函数的输出区间是(-1,1)，而且整个函数是以原点为中心的。

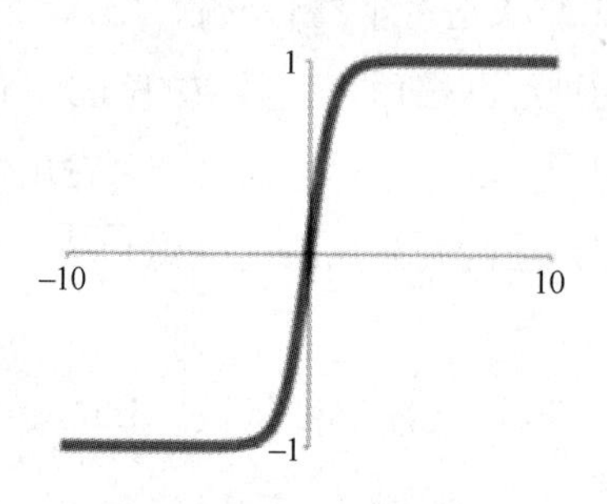

图 5-7　Tanh 函数图像

在一般二分类问题中，隐藏层的神经元输出使用 Tanh 函数激活，输出层则使用 Sigmoid 函数激活。不过这些并不是一成不变的，具体使用什么激活函数，还是要根据具体的问题来具体分析。

3. Relu 函数

Relu 函数公式和函数图像如公式（5.3）和图 5-8 所示。

$$f(x)=\max(0,x) \tag{5.3}$$

Relu 函数在输入负数的情况下，输出取值为 0。输入为正数时，输出取值为其本身。该函数的使用比较广泛，原因如下：

（1）输入为正数的情况下，梯度较大，收敛速度快。

（2）计算速度相对较快。Relu 函数只存在线性关系，不管是前向传播还是反向传播，都比 Sigmoid 函数和 Tanh 函数要快许多。

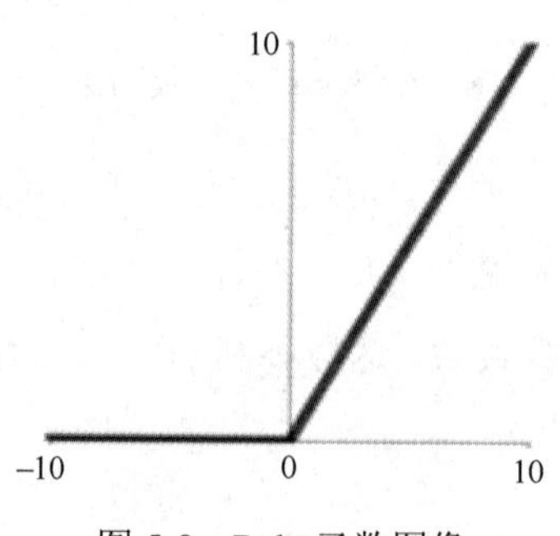

图 5-8　Relu 函数图像

不过它的缺点也很明显：

（1）当输入为负数时，Relu 函数是完全无法起到激活作用的，因为只要输出为负数，输出结果全部相同。这样在前向传播过程中，问题并不明显，但是到了反向传播过程中，输入负数，计算得到的梯度就会完全为 0，引起梯度饱和。

（2）观察可知 Relu 函数的输出只能为 0 或是正数，不是以 0 为中心的函数，这样会导致收敛速度较慢。

4. PRelu 函数

PRelu 函数公式和函数图像如公式（5.4）和如图 5-9 所示。

$$f(x)=\max(ax,x) \tag{5.4}$$

PRelu 函数是对 Relu 函数进行了改进的函数。从函数图像中可以看到，在负数区域内，PRelu 函数有一个很小的斜率，这样可以避免它在负数区域出现梯度饱和的问题。相较于 Relu 函数，PRelu 函数在负数区域内是线性运算，斜率虽然小，但是不会趋于 0。

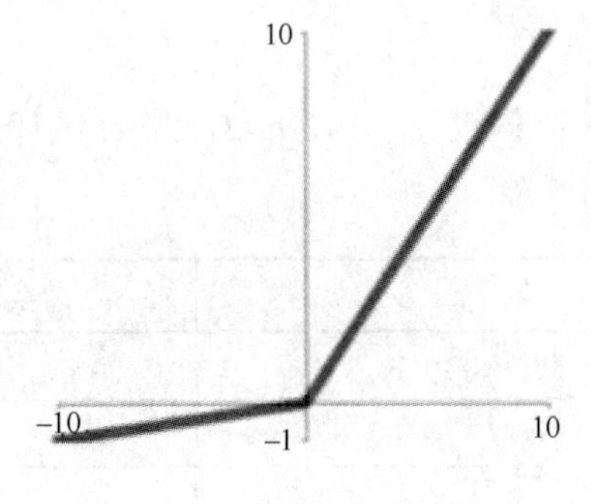

图 5-9　PRelu 函数图像

其他还有很多种激活函数，这里就不再一一介绍。总之各个激活函数都有自己的优点和缺点，在实际使用过程中，要通过最终的结果和需要训练的数据的特点来选取合适的激活函数。

5.2.3　损失函数

神经网络模型输出最终结果后，需要和标签数据进行比较，二者之间的差值所形成的函数关系就称为损失函数。损失函数是用来衡量模型预测结果好坏的函数。假设要预测一个公司某商品的销售量，其销售量与公司门店数的关系如表 5-1 和图 5-10 所示。

表 5-1　销售量和门店数

x	y
1	13
2	14
3	20
4	21
5	25
6	30

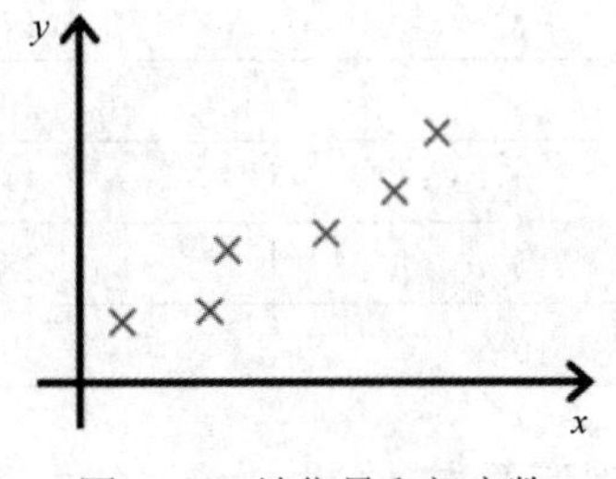

图 5-10　销售量和门店数

其中，x 表示门店数，y 表示销售量。销售量会随着门店的数量的增长而增长，是一个近似的正线性关系。为了得到具体的线性关系，先随机画一条直线，如图 5-11 所示，该直线的方程用 $y=a_0+a_1x$（其中 a_0、a_1 为常数）表示。

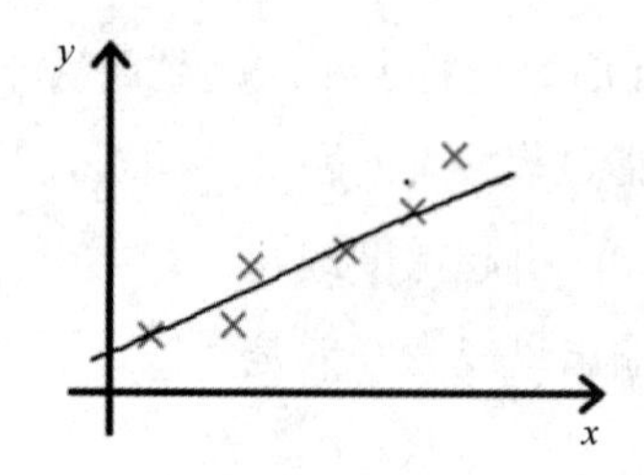

图 5-11　销量和门店关系线

假设 a_0=10，a_1=3，那么 y=10+3x，预测值和实际值如表 5-2 所示。

表 5-2　预测值和实际值

x	实际 y	公式 y	差值
1	13	13	0
2	14	16	2
3	20	19	-1
4	21	22	1
5	25	25	0
6	30	28	-2

这个预测方程与实际值的损失函数可以用绝对损失函数表示。接下来将预测值和实际值的偏差值取绝对值的和定义为绝对损失函数，那么上面的案例中它的绝对损失函数求得值为 6。

然后再假设 a_0=8，a_1=4，y=8+4x，新的预测值与实际值如表 5-3 所示。

表 5-3　新的预测值与实际值

x	实际 y	公式 y	差值
3	13	12	-1
2	14	16	2
3	20	20	0
4	21	24	3
5	25	28	3
6	30	32	2

该案例的绝对损失的绝对值求和为 11。

将二者的绝对损失函数对比，可以评估得到表 5-2 中的线性关系能够更好地预测门店对销售总量的影响。

在神经网络中，常用的损失函数还有交叉熵损失函数、平方和损失函数等。损失函数的结果越小，说明模型就越拟合，那么该模型就越好。

5.2.4 梯度下降

梯度下降法，是一种通过数学迭代的思想来逐步调整神经网络的参数，使得损失函数的结果能够取到局部最小值（该值也有可能是全局最小值）的方法。

举例来说，设想从山顶需要下山。这时候按照一般的思维，首先判断出一条可行的下山道路，然后顺着这条道路前进。

但是此时山上起了浓雾，可见度很低，这时只能看到自己附近的道路，并不能够从全局进行统筹，此时所采取的方法就是环顾四周，以当前所处的位置为基准，寻找这个位置向下的方向，然后按照此方向前进走到下一个位置，再采取同样的方法行走，周而复始，最终成功地走到山谷，过程如图 5-12 所示。

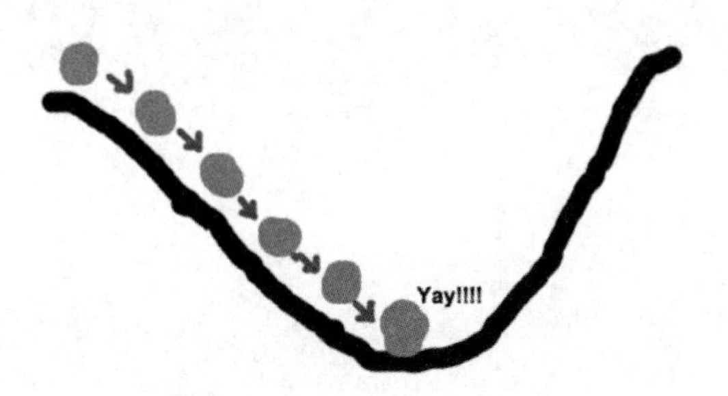

图 5-12　梯度下降法下山过程

但是梯度下降法也有一个缺点。因为所依靠判断的信息是依靠当前位置向下的方向，那么就很有可能走到山中的某一个盆地，然后停下来。综合全局考虑，可能需要先爬一段山，然后再下降才能找到真正下山的路。所以梯度下降法所能寻找到的是局部的最优解，并不是全局最优解，有时局部的最优解恰好也是全局的最优解，但有时并不是。面对这种情况，使用梯度下降法无法避免，因为所能依靠的信息有限，此时只能重新回到山头，再重选一条路走下去。这种情形类比于神经网络的训练过程，就是训练的最终结果并不能满足需求，只能采用重新训练的方式。所以神经网络没有百分百准确的概念，都是观察最终的准确率是否能够满足需求。如果可以，就认为这个神经网络模型是成功的，反之就需要重新训练或者构建新的模型。

下面通过公式进行详细说明，有一个单变量的一元二次函数，如公式（5.5）所示。

$$J(\theta)=\theta^2 \tag{5.5}$$

这个函数的导数方程如公式（5.6）所示。

$$J'(\theta)=2\theta \tag{5.6}$$

开始随机选取一个点作为初始点，设该点为 1，即 $\theta_0=1$，学习率设为 $\alpha=0.4$。梯度下降的计算公式如公式（5.7）所示。

$$\theta_1=\theta_0-\alpha J'(\theta_0) \tag{5.7}$$

接下来开始进行迭代计算过程。

$$\theta_0 = 1$$

$$\theta_1 = \theta_0 - \alpha J'(\theta_0) = 1 - 0.4 \times 2 = 0.2$$

$$\theta_2 = \theta_1 - \alpha J'(\theta_1) = 0.2 - 0.4 \times 0.4 = 0.04$$

$$\theta_3 = 0.008$$

$$\theta_4 = 0.0016$$

经过四次的运算，也就是走了四步，基本就抵达了函数的最低点 0，如图 5-13 所示。

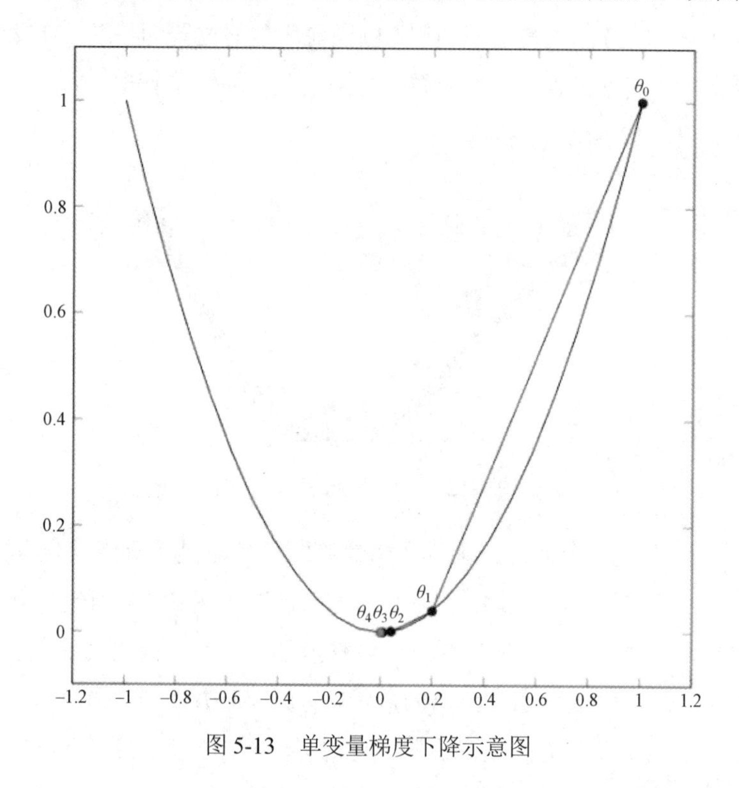

图 5-13　单变量梯度下降示意图

当抵达 0 点最低点之后，此时该点的导数值也为 0，此后公式（5.7）中的 $\alpha J'(\theta)$ 结果为 0。无论进行多少次的迭代计算，结果不再发生改变，这就是梯度下降法的基本原理。

5.2.5　参数调整

在神经网络的训练过程中，有时会由于数据量过少，再加上神经网络的层数和参数过多，会导致整个模型过分地追求接近每一个训练的标签数据，这样虽然能够在训练数据的测试上取得良好的结果，可是对于未知的测试数据，效果可能会适得其反。过拟合模型由于过于追求接近训练的标签数据，导致整个模型看起来弯弯曲曲，不能更近似地预测那些需要测试的数据，如图 5-14 所示。

为了解决过拟合的问题，通常采用如下方法。

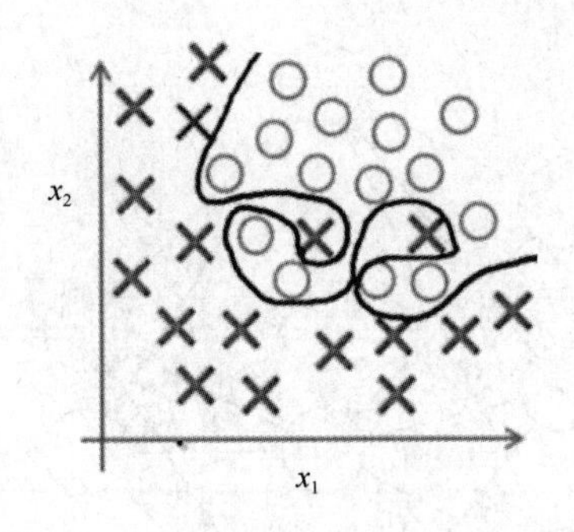

图 5-14　过拟合模型

1. 增强数据集

数据在训练过程中十分重要，就像人类学习一样，如果开始给的东西都是错误的，那么无论一个人有多么聪明或者多么努力，最终都不能学到真正有用的知识。在神经网络的模型训练中，更多的训练数据意味着可以用更深的网络，训练出更好的模型。

但是数据的获取并不是一件简单的事情，因此可以制作训练数据。如在做图像相关的模型时，在原始数据上做各种变换。如将原始图片旋转一个小角度，在图像上添加噪声干扰，做一些有弹性的畸变，截取原始图像的一部分等。通过这种方式可以在数据集不足的情况下对数据进行扩增，极大地增加数据集。

2. Dropout

Dropout 是修改神经网络本身，它直接使一些神经节点失活，它在训练神经网络模型时常常采用的是提高模型泛化性的方法。假设 Dropout 的概率为 0.5，原始训练神经网络如图 5-15 所示。

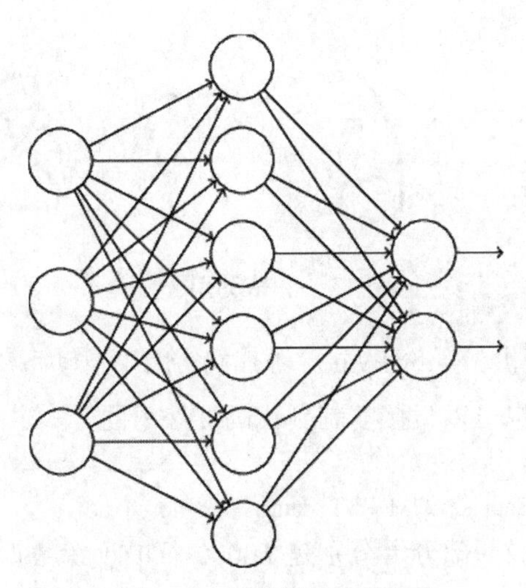

图 5-15　原始训练神经网络

在训练时，采用的 Dropout 方法就是使得上面的某些神经元节点失效，将这些节点视为不存在后的新神经网络如图 5-16 所示。

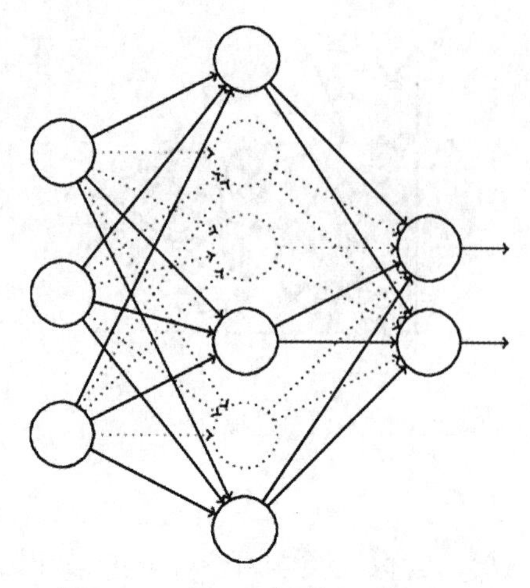

图 5-16　Dropout 后的新神经网络

保持输入输出层不变，按照梯度下降算法更新神经网络中的权值（虚线连接的单元不更新，因为它们被“临时失活”了），以上就是一次迭代的过程。在第二次迭代中，也用同样的方法，只不过这次失活的是另外一半的隐层单元，跟上一次失活的神经节点是不一样的，因为每一次迭代都是“随机”地去失活一半。继续迭代第三次、第四次……直至训练结束。

5.3　手写数字识别

MNIST 是一个入门级的计算机视觉数据集，它包含各种手写数字图片，如图 5-17 所示。它包含每一张图片对应的标签，表明这个是数字几。例如这四张图片的标签分别是 5、6、7、8。

图 5-17　手写数字图片

MNIST 数据集的官网提供了一份 Python 源代码，用于自动下载和安装这个数据集。用下面的代码导入到项目里面，也可以直接复制到代码文件里面。

```
import input_data
mnist=input_data.read_data_sets("MNIST_data/，one_hot=True)
```

下载下来的数据集被分成两部分，分别是 60000 行的训练数据集（mnist.train）和 10000 行的测试数据集（mnist.test）。这样的切分很重要，在机器学习模型设计时必须有一个单独的测试数据集不用于训练，而是用来评估这个模型的性能，以加强模型的泛化能力。

每一个 MNIST 数据单元由两部分组成——一张包含手写数字的图片和一个对应的标签。

把这些图片设为“x_s”，把这些标签设为“y_s”。训练数据集和测试数据集都包含 x_s 和 y_s，如训练数据集的图片是 mnist.train.images，训练数据集的标签是 mnist.train.labels。

每一张手写数字图片都是 28×28 像素的单通道图片，可以用一个数字数组来表示这张图片。其像素图如图 5-18 所示。

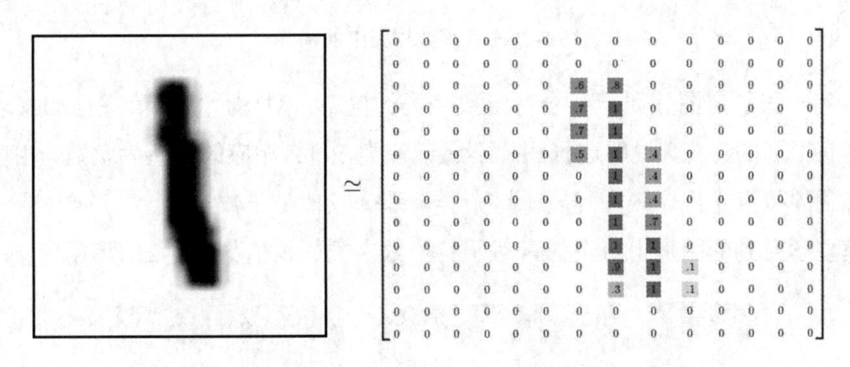

图 5-18　手写数字图片的像素图

把这个数组展开成一个向量，长度是 28×28=784。数组如何展开不重要，只要保持各个图片采用相同的方式展开即可。MNIST 数据集的图片就是在 784 维向量空间里面的点，并且拥有比较复杂的结构。

MNIST 训练数据集中，mnist.train.images 是一个形状为[60000,784]的张量，第一个维度数字用来索引图片，第二个维度数字用来索引每张图片中的像素点。在此张量里的每一个元素，都表示为某张图片里的某个像素的强度值，值介于 0 和 1 之间。训练数据集中的图片如图 5-19 所示。

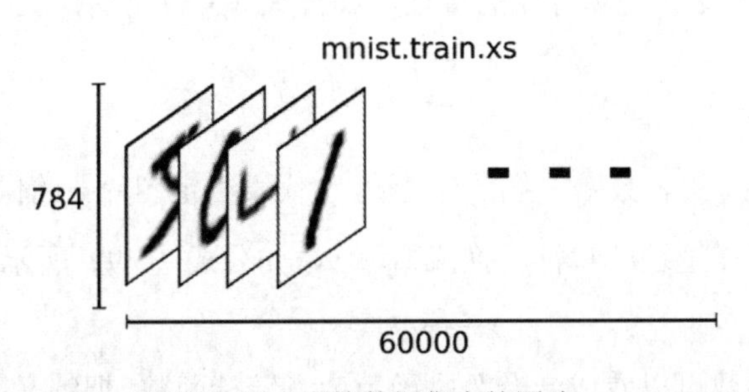

图 5-19　训练数据集中的图片

MNIST 数据集的标签是介于 0～9 的数字，用来描述给定图片表示的数字。数字 n 将表示成一个只有在第 n 维度（从 0 开始）数字为 1 的 10 维向量。例如，标签 0 将表示成[1,0,0,0,0,0,0,0,0,0]。因此，mnist.train.labels 是一个[60000,10]的数字矩阵，如图 5-20 所示。

MNIST 的每一张图片都表示一个数字，从 0 到 9。希望得到的输出值是给定图片代表每个数字的概率。如通过模型可能推测一张包含 9 的图片代表数字 9 的概率是 80%，但是判断它是 8 的概率是 5%（因为 8 和 9 都有上半部分的小圆）。

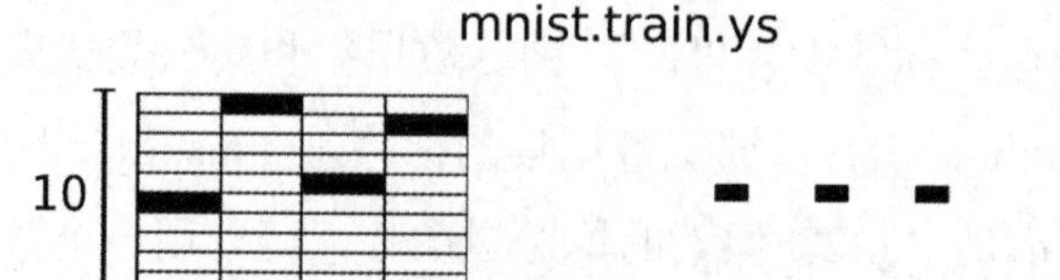

图 5-20 训练数据集中的标签

为了得到一张给定图片属于某个特定数字类的概率，对图片像素值进行加权求和。如果这个像素具有很强的特点，说明这张图片不属于该类，那么相应的权值为负数，相反如果这个像素拥有有利的特点支持这张图片属于这个类，那么权值是正数。

一个模型学习到的图片上每个像素对于特定数字类的权值如图 5-21 所示。

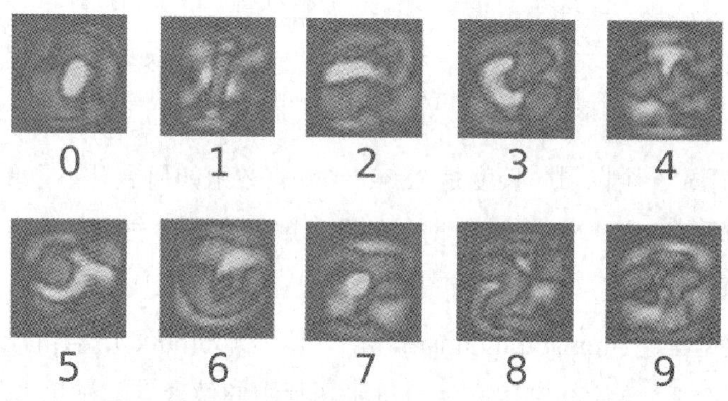

图 5-21 图片上每个像素对于特定数字类的权值

此外还需要加入一个额外的偏置量，因为输入往往会带有一些无关的干扰量。因此对于给定的输入图片 x，它代表的是数字 i 的特征，如公式（5.8）所示。

$$e = \sum_j W_{i,j} x_j + b_i \tag{5.8}$$

其中，$W_{i,j}$ 代表权重，b_i 代表数字 i 类的偏置量，j 代表给定图片 x 的像素索引用于像素求和。然后用 Softmax 函数可以把这些特征转换成概率 y，如公式（5.9）所示。

$$y = \text{Softmax}(e) \tag{5.9}$$

这里的 Softmax 函数可以看成一个激励函数或者链接函数，把定义的线性函数的输出转换成想要的格式，也就是关于 10 个数字类的概率分布。

对于 Softmax 回归模型可以用下面的图解释，对于输入的 x_s 加权求和，再分别加上一个偏置量，最后再输入到 Softmax 函数中，处理过程如图 5-22 所示。

如果把它写成一个等式，可以得到公式化表述，如图 5-23 所示。也可以用向量表示这个计算过程：用矩阵乘法和向量相加，这有助于提高计算效率。

为了用 Python 实现高效的数值计算，通常会使用函数库，如 NumPy，会把类似矩阵乘法这样的复杂运算使用其他外部语言实现。但是从外部计算切换回 Python 的每一个操作，仍然是一个很大的开销。使用 GPU 来进行外部计算，这样的开销会更大。用分布式的计算方式，也会花费很多的资源来传输数据。

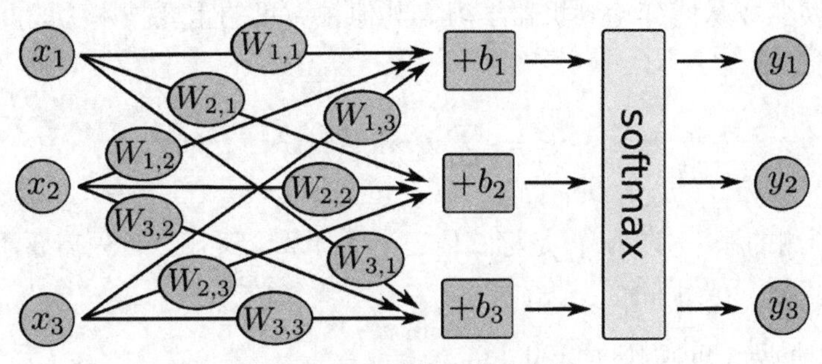

图 5-22　Softmax 处理过程

$$\begin{bmatrix} y_1 \\ y_2 \\ y_3 \end{bmatrix} = \text{Softmax}\begin{vmatrix} W_{1,1}x_1 + W_{1,2}x_1 + W_{1,3}x_1 + b_1 \\ W_{2,1}x_2 + W_{2,2}x_2 + W_{2,3}x_2 + b_2 \\ W_{3,1}x_3 + W_{3,2}x_3 + W_{3,3}x_3 + b_3 \end{vmatrix}$$

图 5-23　公式化表达

因此 TensorFlow 把复杂的计算放在 Python 之外完成。它做了进一步完善，不单独地运行单一的复杂计算，而全部一起在 Python 之外运行。

使用 TensorFlow 之前，首先导入 tensorflow 模块并且重命名，代码如下：

```
import tensorflow as tf
```

接下来创建一个占位符 x，它不是一个特定的值。在 TensorFlow 运行计算时输入这个值，能够输入任意数量的 MNIST 图像，每一张图展平成 784 维的张量。用 2 维的浮点数张量来表示这些图，这个张量的形状是[None,784]（这里的 None 表示此张量的第一个维度可以是任何长度），代码如下：

```
x=tf.placeholder("float",[None,784])
```

然后创建中间的权重值和偏置量，使用 TensorFlow 中的 Variable 方法进行创建。一个 Variable 代表一个可修改的张量，它们可以用于计算输入值，也可以在计算中被修改，代码如下：

```
W=tf.Variable(tf.zeros([784,10]))
b=tf.Variable(tf.zeros([10]))
```

在这里，用全为零的张量来初始化 W 和 b。需要注意的是，W 的维度是[784,10]，因为想要用 784 维的图片向量乘以它以得到一个 10 维的向量，每一位对应不同的数字类。b 的形状是[10]，所以可以直接把它加到输出中。至此，就得到了一个 1×10 的向量（假设输入的是一张图片）。

为了评估训练的模型的好坏，需要定义一个指标来评估这个模型，这个指标称为成本或损失，然后尽量最小化这个指标。

一个常见的损失函数是交叉熵损失函数。交叉熵是产生于信息论里面的信息压缩编码技术，但是它后来演变成从博弈论到机器学习等其他领域里的重要技术手段。它的定义如公式（5.10）所示。

$$H = -\sum_{i} y\_ \times \log(y_i) \tag{5.10}$$

其中，y_i是预测的概率分布，$y_$是标签值。为了计算交叉熵，首先需要添加一个新的占位符用于正确值的输入，代码如下：

```
y_=tf.placeholder("float",[None,10])
```

然后可以调用 TensorFlow 中 reduce_sum 函数进行交叉熵的计算，代码如下：

```
cross_entropy=-tf.reduce_sum(y_*tf.log(y))
```

接下来 TensorFlow 可以自动地使用反向传播算法来修改变量值，使损失函数的值变小。TensorFlow 一般都是选用梯度下降的优化算法来不断地修改变量，代码如下：

```
train_step=tf.train.GradientDescentOptimizer(0.01).minimize(cross_entropy)
```

梯度下降算法以 0.01 的学习速率最小化交叉熵。梯度下降算法是一个简单的学习过程，它可以将每个变量一点点地往成本不断降低的方向移动。

设置好模型之后，在运行计算之前，需要添加一个操作来初始化创建的变量。可以在一个 Session 里面启动模型，并且初始化变量，代码如下：

```
sess=tf.Session()
sess.run(init)
```

然后开始训练模型，这里让模型进行 1000 次的循环训练，将数据“喂”给之前设置好的占位符，代码如下：

```
for i in range(1000):
#获取输入数据和标签数据
batch_xs，batch_ys=mnist.train.next_batch(100)
#“喂”给占位符
sess.run(train_step，feed_dict={x：batch_xs，y_：batch_ys})
```

该循环的每个步骤都会随机抓取训练数据中的 100 个批处理数据点，然后用这些数据点作为参数替换之前的占位符来运行 train_step。使用小部分的随机数据来进行训练的方法被称为随机训练，更确切地说是随机梯度下降训练。在理想情况下，希望用所有的数据来进行每一步训练，因为这能给出更好的训练结果，但这同时也需要很大的计算开销。所以，每一次训练可以使用不同的数据子集，这样做既可以减少计算开销，又可以最大化地学习到数据集的总体特性。

最后评估模型，首先找出那些预测正确的标签。tf.argMax 函数能给出某个 Tensor 对象在某一维上的数据最大值所在的索引值。由于标签向量是由 0、1 组成，因此最大值 1 所在的索引位置就是类别标签，如 tf.argMax(y,1)返回的是模型对于任一输入 x 预测到的标签值，而 tf.argMax(y_,1)代表正确的标签，可以用 tf.equal 来检测预测是否和真实标签匹配（索引位置一样表示匹配），计算输出值与标签匹配性的代码如下：

```
correct_prediction=tf.equal(tf.argMax(y,1),tf.argMax(y_,1))
```

这行代码会输出一组布尔值。为了确定正确预测项的比例，可以把布尔值转换成浮点数，然后取平均值。如[True，False，True，True]会变成[1，0，1，1]，取平均值后得到 0.75，布尔值转化为浮点数的代码如下：

```
accuracy=tf.reduce_mean(tf.cast(correct_prediction,"float"))
```

最后输出模型在测试数据集上面的正确率，代码如下：

```
print(sess.run(accuracy,fieed_dict={x:mnist.test.images，y_:mnist.test.labels}))
```

本章小结

本章主要介绍了人工智能中神经网络的相关知识，其中详细地介绍了神经网络组成的基本单元、激活函数的种类和作用，以及如何使用梯度下降法进行损失函数最小化的计算；之后又介绍了使用 TensorFlow 进行变量定义、可视化学习以及模型的保存；并且通过一个手写数字识别的案例加深读者对于神经网络的理解和 TensorFlow 的使用。通过本章的学习，读者能够加深对神经网络原理的理解，为后续的学习打下良好的基础。

本章习题

一、填空题

1．常用的激活函数有________、________、________、________。

2．梯度下降法可以分为________、________两种。

3．深度学习的基本模型有________、________两个。

二、简答题

1．请简述神经网络中激活函数的作用。

2．请写出手写数字识别的步骤。

3．请列出深度学习的应用领域。

第 6 章　人工智能视觉技术

计算机视觉技术，指的就是计算机通过摄像头采集到图像，并且对图像进行一定处理的技术。与人类的视觉进行对比，人类通过眼睛获取外界各种影像，然后交由大脑进行处理。人工智能技术在计算机视觉中所起到的作用就相当于人类的大脑，由摄像头负责图像的采集，采集后的图像数据利用图像处理中的降噪和对齐方法进行一定的预处理，使得图像的特征更加清晰，干扰因素减弱，最后通过人工智能的技术对图像中不同的物体进行分类或者识别。

- 了解图像处理技术。
- 了解神经网络进行图像识别的原理。
- 熟悉图像的降噪方法。

6.1　图像处理技术

图像处理技术是用计算机对图像信息进行处理的技术，主要包括图像数字化、图像增强和复原、图像数据编码、图像分割和图像识别等。它是一门新兴的应用学科，其发展速度异常迅速，应用领域极为广泛。

6.1.1　图像的基本原理

在初中的物理学习中，有一个著名的棱镜实验，当白色的可见光通过三棱镜后会被分解为红、橙、黄、绿、青、蓝、紫的可见光谱。其中红、绿、蓝为三原色，其他的颜色都可以由这三种颜色按照不同的比例混合后生成。同样地，单色的可见光也可以被分解为这三种颜色的组合，这就是初中物理所教授的色度学的基本原理，也叫三原色原理，如图 6-1 所示。

在计算机中，各种各样、五颜六色的图片，其本质是通过这种方式组合所形成的。不同的是，计算机内部所存储的图片不是连续的模拟图像，而是离散的数字图像。

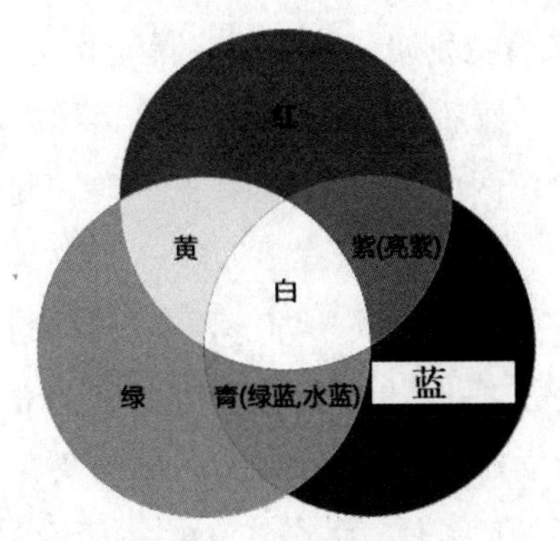

图 6-1　三原色原理

将计算机中的一张图片放大时，可以发现图片是由一个一个的方格所组成的。其中每一个方格都具有不同的颜色，当这些方格足够小的时候，就无法被人类的肉眼所察觉，因此正常观察图片的时候感觉不到这种变换。其中每一个方格都被称为一个像素点，如常见的笔记本电脑的屏幕，有 1366×768 个像素点，数量级别在百万级。而对于有三个通道颜色的 RGB 模式来说，像素点的数量级将会更大。

一个 6×6×3 的三通道彩色图片如图 6-2 所示，其中 6×6 表示该图片是每一个通道有 36 个像素点，共计三个通道。这张图片的三个通道分别为红、绿、蓝三种颜色，其每个像素点的数值在 0～255 之间，表示每一种颜色的强度。这就是彩色图片在计算机中的存储原理，其本质就是一些数字。

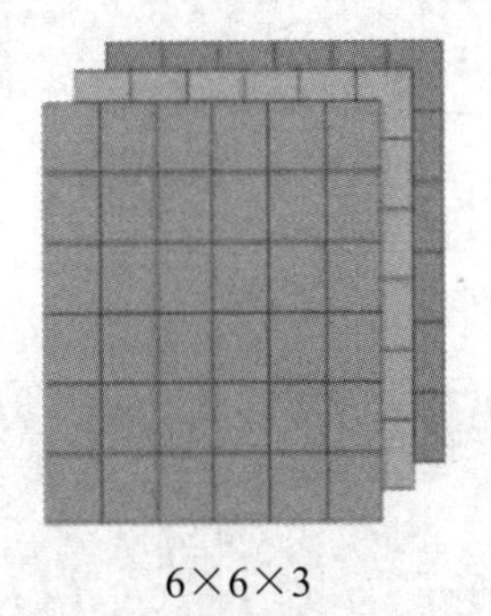

图 6-2　三通道彩色图片

6.1.2　图像增强技术

读取一张照片时，由于某些因素，这张照片看起来并不清晰，因此就需要对照片进行一定的处理，比如降噪或者图像增强，使得原本模糊的照片变得清楚或者能够突出某一区域。不过需要注意的是，图像增强技术只是为了尽量使得图片变得清晰且易识别，并不能保证将每一张模糊的图片变得清晰。

图像增强技术主要用在图像特别暗，或者因为曝光太亮而无法让目标突出时，这个时候就需要把目标的亮度提高一点，然后把不必要的障碍（俗称：噪声）调暗，来达到把目标清晰度最大化的目的。接下来就介绍两个比较简单的专门对像素进行处理的方法。

1. 对比度增强法

对比度增强的方法有很多，其中最简单的一种就是图像上的每一个像素的值都乘以一个数。这样一来，亮的地方会更亮，而暗的地方就会更暗，明暗的区分更加明显，目标更为突出。如果用(x,y)来表示每个像素的位置，那么每个像素位置的像素值用$F(x,y)$来表示，而$G(X,Y)$则用来表示经过对比度增强之后的像素值，如公式（6.1）所示。

$$G(X,Y)=NF(x,y) \tag{6.1}$$

其中，N代表像素值需要变化的倍数，接下来用一张图片来展示对比度增强之后的结果。

原始图像如图6-3所示。

图6-3　原始图像

图像增强后的效果如图6-4所示。

图6-4　图像增强后的效果

从图片上可以看到，当原始图片的每一个像素值都变为原来的两倍之后，图像中原来比较黑暗的区域会变得清晰，而原本明亮的地方也会变得更亮。

2. 灰度变换

灰度变换是指根据某种目标条件按一定变换关系逐渐改变原图像中每一个像素灰度值的方法。目的是改善画质，使图像的显示效果更加清晰。图像的灰度变换处理是图像增强处理技术中的一种非常基础的、直接的空间域图像处理方法，也是图像数字化软件和图像显示软件的一个重要组成部分。

其中灰度变换主要分为线性变换和非线性变换两种，因线性变换较多，故下面就介绍下线性变换的方法。线性变换可以应用于解决因成像设备动态范围太狭窄等因素造成的对比度不足、细节分辨不清等问题，采用线性变换可以把图像的某一个像素相对集中的范围拉宽到某一个范围之内，能够解决因灰度值过度集中而导致的图像细节不清晰的问题，其坐标系如图 6-5 所示。

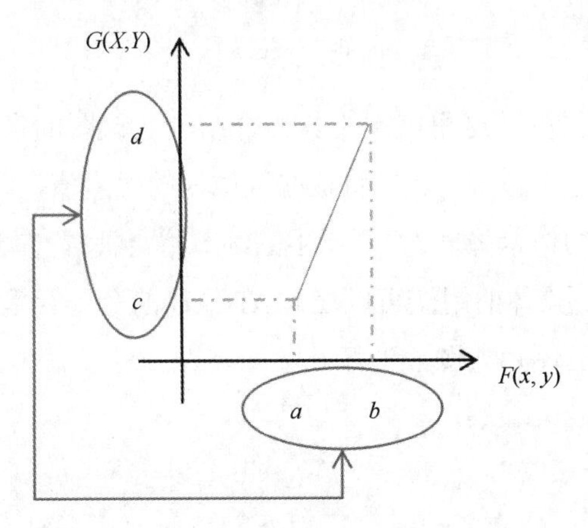

图 6-5　线性变换坐标

举例来说，线性变换前的图片如图 6-6 所示。

图 6-6　线性变换前的图片

首先，调出该图的直方图，如图 6-7 所示。

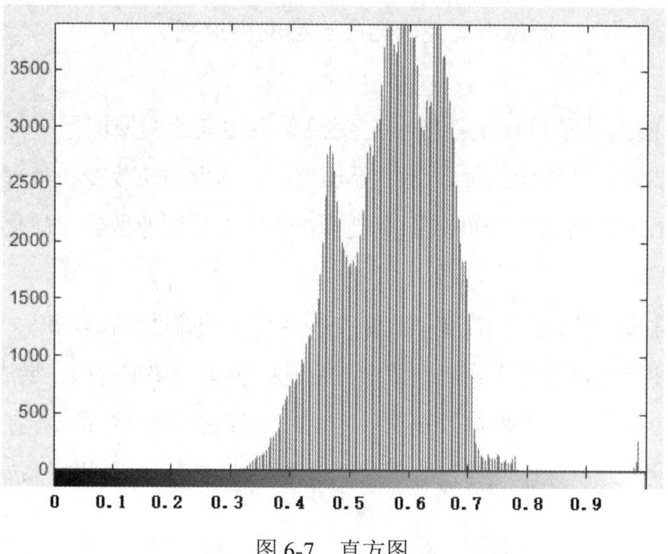

图 6-7 直方图

调用直方图的方法有很多，这里就不再具体介绍。从该图的直方图可以看到，大部分的像素主要集中在 0.4～0.7 这个范围，之后将这些区域内的像素值，等比扩展到[0,1]范围中，这将会使得原图中大片相同的像素降低，而原图中的细节将会被提亮。这一步可以借助 MATLAB 中的函数 imadjust 来实现，具体的用法可以在 MATLAB 的命令行里面输入“help imadjust”获取详细用法。线性变换后的图片如图 6-8 所示。

图 6-8 线性变换后的图片

6.1.3 图像降噪方法

计算机中的数字图像在数字转化或者传输的过程中，由于所采用的摄像头等硬件以及外部环境的噪声干扰，所形成的图像都称为噪声图像。为了能够正确地识别图像，需要对图像进行去噪处理。

图像噪声在理论上可以定义为“不可预测，只能用概率统计方法来认识的随机误差”，因此将图像噪声看成多维随机过程是合适的，因而描述噪声的方法完全可以借用随机过程的描述，即用其概率分布函数和概率密度分布函数来描述。但在很多情况下，这样的描述方法很复杂，甚至是不可能的，而实际应用往往也不必要，故通常使用其数值特征，即均值方差、相关函数等方法，因为这些数值特征都可以从某些方面反映出噪声的特征。接下来就通过对一张图片添加不同的噪声来观察图片的变化。未添加噪声的图片如图 6-9 所示。

图 6-9　未添加噪声的图片

一般图像处理中常见的噪声有乘性噪声、泊松噪声和椒盐噪声。

1. 乘性噪声

乘性噪声和图像信号是相关的，往往随图像信号的变化而变化，其数学表达式如公式(6.2)所示。

$$f(x,y)=g(x,y)n(x,y) \tag{6.2}$$

其中，$f(x,y)$代表被污染的图像（噪声图像），$g(x,y)$代表原始图像，$n(x,y)$代表噪声。图像中的乘性噪声一般是由胶片中的颗粒、飞点扫描图像中的噪声、电视扫描光栅等原因造成的，添加乘性噪声之后的图片如图 6-10 所示。

图 6-10　添加乘性噪声之后的图片

2. 泊松噪声

泊松噪声就是符合泊松分布的噪声模型。泊松分布适合于描述单位时间内随机事件发生次数的概率分布，如某一服务设施在一定时间内受到的服务请求的次数、电话交换机接到呼叫的次数、汽车站台的候客人数、机器出现的故障数、自然灾害发生的次数、DNA 序列的变异数、放射性原子核的衰变数等。

为什么图像会出现泊松噪声呢？由于光具有量子特效，到达光电检测器表面的量子数目存在统计涨落，因此，图像监测具有颗粒性，这种颗粒性造成了图像对比度的变小以及对图像细节信息的遮盖，这种因为光量子而造成的测量不确定性称为图像的泊松噪声。添加泊松噪声之后的图片如图 6-11 所示。

图 6-11 添加泊松噪声之后的图片

3. 椒盐噪声

椒盐噪声多是因为图像切割引起的。如黑图像上的白点、白图像上的黑点、在变换域引入的误差、使图像反变换后产生的变换噪声，均为椒盐噪声。添加椒盐噪声之后的图片如图 6-12 所示。

图 6-12 添加椒盐噪声之后的图片

介绍完图像常见的噪声以及形成原因之后，接下来介绍图像的去噪方法。对图像进行去噪处理，首先应该观察图像的特点、频谱图以及直方图来确定噪音的类型。其中最常见的就是噪声的颜色强度一般集中在高频位置，而图像的颜色强度是在某一个有限的区间之中。因此可以根据这一特点采用低通滤波的方法来进行降噪处理。所谓的低通滤波，指的是只允许强度较低的信号通过，而强度较高的信号则过滤掉。然后通过滑动窗口对图像的每一个像素点都进行低通滤波处理。这样就可以过滤掉那些比较强的噪声，接下来就介绍两种简单常用的滤波方法。

（1）邻域平均法：将一个像素及其邻域中所有像素的平均值赋给输出图像中相应的像素，从而达到平滑的目的，又称均值滤波。其过程是使一个窗口在图像上滑动，窗口中心位置的值用窗内各点值的平均值来代替，即用几个像素的灰度平均值来代替一个像素的灰度。其主要的优点是算法简单、计算速度快，但其代价是会造成图像一定程度的模糊。

（2）中值滤波：一种基于排序统计理论的可有效抑制噪声的非线性平滑滤波。其滤波原理是：首先确定一个以某个像素为中心点的邻域，一般为方形邻域，然后将邻域中各像素的灰度值进行排序，取中间值作为中心像素灰度的新值，这里的邻域通常被称为窗口；当窗口在图像中上下左右进行移动后，利用中值滤波算法可以很好地对图像进行平滑处理。中值滤波的输出像素是由邻域图像的中间值决定的，因而中值滤波对极限像素值（与周围像素灰度值差别较大的像素）远不如平均值那么敏感，从而可以消除孤立的噪声点，可以使图像不至于太模糊。

6.1.4 图像对齐

对于人脸识别来说，一般照片存储的都是人的正面照，但是在实际使用过程中，由于摄像头的安装角度问题或是人的姿态问题，导致所拍摄到的人脸照片会有一定的倾斜，因此首先要进行的是图像对齐。

图像的变换一般来说有平移、缩放、旋转、仿射等，图像变换是建立在矩阵运算基础上的，通过矩阵运算可以很快地找到不同图像的对应关系。理解变换的原理需要理解变换的构造方法以及矩阵的运算方法。

图像的几何变换的种类很多，不过一般主要分为以下两种——刚性变换和仿射变换，如图 6-13 所示。

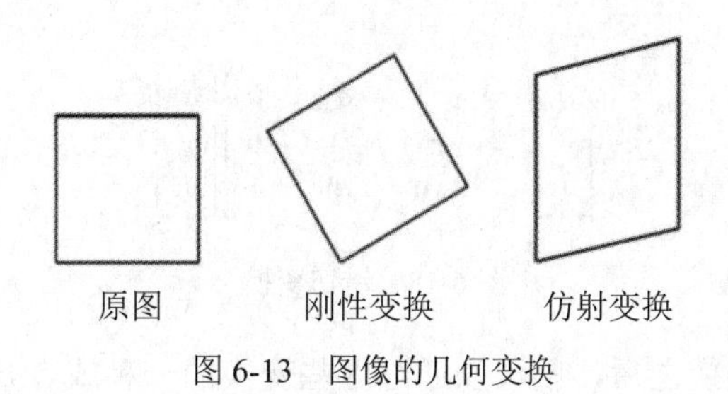

图 6-13　图像的几何变换

图像的几何变换都是由一些基本变换组合而成的，接下来介绍下图像的基本变换。基本变换具体包括：平移（Translation）、缩放（Scale）、旋转（Rotation）、翻转（Flip）和错切（Shear）。

平移变换只是将图片进行水平位置上的移动，不改变其竖直方向的位置关系，如图 6-14 所示。

缩放变换是改变图像的大小，不改变其水平和竖直方向的比例关系，如图 6-15 所示。

$$\begin{bmatrix} u \\ v \\ 1 \end{bmatrix} = \begin{bmatrix} 1 & 0 & t_x \\ 0 & 1 & t_y \\ 0 & 0 & 1 \end{bmatrix} \begin{bmatrix} x \\ y \\ 1 \end{bmatrix}$$

图 6-14　平移变换

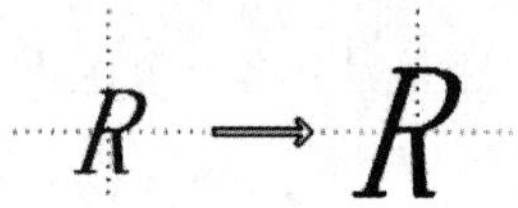

$$\begin{bmatrix} u \\ v \\ 1 \end{bmatrix} = \begin{bmatrix} s_x & 0 & 0 \\ 0 & s_y & 0 \\ 0 & 0 & 1 \end{bmatrix} \begin{bmatrix} x \\ y \\ 1 \end{bmatrix}$$

图 6-15　缩放变换

旋转变换改变图像的角度，水平和竖直方向的大小不变，如图 6-16 所示。

翻转变换则是将图像进行镜像处理，交换左右两侧的位置，如图 6-17 所示。

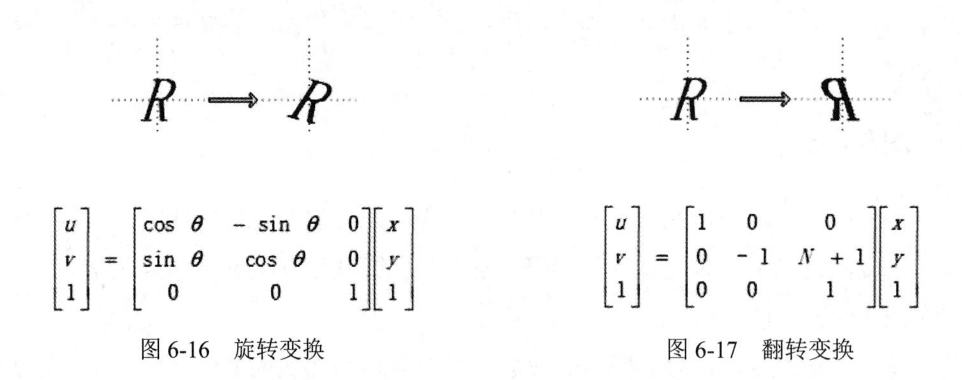

$$\begin{bmatrix} u \\ v \\ 1 \end{bmatrix} = \begin{bmatrix} \cos\theta & -\sin\theta & 0 \\ \sin\theta & \cos\theta & 0 \\ 0 & 0 & 1 \end{bmatrix} \begin{bmatrix} x \\ y \\ 1 \end{bmatrix}$$

图 6-16　旋转变换

$$\begin{bmatrix} u \\ v \\ 1 \end{bmatrix} = \begin{bmatrix} 1 & 0 & 0 \\ 0 & -1 & N+1 \\ 0 & 0 & 1 \end{bmatrix} \begin{bmatrix} x \\ y \\ 1 \end{bmatrix}$$

图 6-17　翻转变换

错切亦称为剪切或错位变换，包含水平错切和垂直错切，如图 6-18 所示。

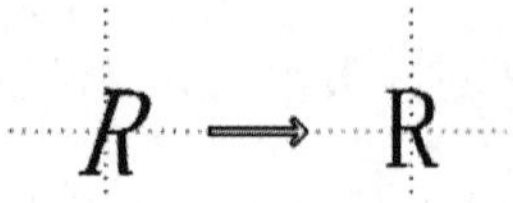

$$\begin{bmatrix} u \\ v \\ 1 \end{bmatrix} = \begin{bmatrix} 1 & d_x & 0 \\ d_y & 1 & 0 \\ 0 & 0 & 1 \end{bmatrix} \begin{bmatrix} x \\ y \\ 1 \end{bmatrix}$$

图 6-18　错切变换

掌握了上述的基本变换之后，就可以通过这些变换的一种或者几种共同组合来形成新的变换，该方法常用于图像的预处理阶段，尤其是在图像本身倾斜，不能很好对齐的情况下。

6.2 图像识别技术

面对一张图片的时候，最基础的任务就是识别出这张图片是什么，是风景图还是人物图，是描写建筑物的还是关于食物的，这就是分类。当知道了图像的类别时，进一步就是检测了，例如用户知道这个图像是关于人脸的，那么这个人脸在哪里，能不能把它框出来。检测作为一个较为精细的目标，达成的难度可以说是远大于分类的。

不只是图像分类与检测，几乎所有的关于机器学习的难点都是特征提取这一步，一旦找到好的特征，分类与检测就变得很容易了。所谓的特征提取就是指构建一种提取算法，提取出图像里目标对象的特征，例如人脸的边缘特征、皮肤的颜色特征等，这个特征需要尽可能地将目标物体与其他物体区分开来，例如需要区分的物体是黑猫和白猫，那么颜色特征就是一个很好的特征。但是，生活中遇到的难题往往都是很难去提取特征的，例如在嘈杂的街道上检测行人与车辆，这种任务对于检测算法的正确率要求很高，因为漏检或错检一个人可能就会带来一场车祸。

接下来就介绍三种对图像进行识别的方法，分别是模板匹配法、特征提取法和神经网络识别方法。

6.2.1 模板匹配法

图像识别领域中，最常用的一种方法就是模板匹配，模板匹配指的是将图像和系统中所存储的图像进行像素的比对，得到该图像和其他图像的相似度大小，进而根据相似度来确定该图像属于哪一种类别。匹配方法常使用基于图像灰度的匹配方法，其原理较为简单，并且在光照良好的条件下能够获得满意的匹配效果。灰度匹配的原理是逐像素把一个一定大小，比如 3×3 的窗口的灰度矩阵与图像的所有的灰度矩阵去对比，按照某种相似度的测量方法，比如最小二乘法进行比较，获取相似度最高的位置的区域。

为了利用模板匹配从源图像中得到匹配区域，从源图像选取某一区域作为进行匹配的模板。模板从源图像左上角开始每次以一个像素点为单位进行移动，每到达一个位置，就会计算模板矩阵和原图像当前位置矩阵匹配的好坏程度即两个矩阵的相似程度，如图 6-19 所示。

图 6-19　模板匹配法

模板滑动与源图像匹配过程中，将模板和当前模板覆盖区域的矩阵的计算结果存储在矩阵 $\boldsymbol{R}$ 中。$\boldsymbol{R}$ 中每一个位置(x,y)都包含了匹配矩阵的计算结果。

不过模板匹配法需要存储大量的模板，因此会占用计算机较多的空间，如果要进行数万次的匹配搜索，对于整个计算机的速度来说，也会比较慢，因此这种方法目前只能用于一些简单的应用。

6.2.2 特征提取法

除了模板匹配法之外，图像的特征提取也在图像识别的领域中有着重要的作用。要从图像中提取有用的信息，必须对图像特征进行降维处理，特征提取与特征选择就是最有效的降维方法，其目的是得到一个反映数据本质结构、识别率更高的特征子空间。图像特征基本可以分为颜色特征、纹理特征和空间关系特征。

图像的颜色特征是一种全局特征，描述了图像或图像区域所对应的景物的表面性质。由于颜色对图像或图像区域的方向、大小等变化不敏感，所以颜色特征不能很好地捕捉图像中对象的局部特征。另外，仅使用颜色特征查询时，如果数据库很大，常会将许多不需要的图像也检索出来。

纹理特征也是一种全局特征，它也描述了图像或图像区域所对应景物的表面性质。作为一种统计特征，纹理特征常具有旋转不变性，并且对于噪声有较强的抵抗能力。但纹理只是一种物体表面的特性，无法完全反映出物体的本质属性，所以仅利用纹理特征无法获得高层次图像内容，且纹理特征还有一个很明显的缺点是当图像的分辨率变化的时候，所计算出来的纹理可能会有较大偏差。

空间关系特征，是指图像中分割出来的多个目标之间的相互空间位置或相对方向关系，这些关系可分为连接/邻接关系、交叠/重叠关系和包含/包容关系等。提取图像空间关系特征可以有两种方法：一种方法是首先对图像进行自动分割，划分出图像中所包含的对象或颜色区域，然后根据这些区域提取图像特征，并建立索引；另一种方法则简单地将图像均匀地划分为若干规则子块，然后对每个图像子块提取特征，并建立索引。

按照上述特征提取方法可完成图像特征的初步获取，各有利弊。针对不同的实际问题，可选择适当的图像特征提取方法。但有时仅用单一的特征来进行图像检索或匹配，其结果准确度不高，为了提高准确度，有人提出了多特征融合的图像检索或匹配技术。

特征提取的基本方法可以分为线性方法和非线性方法两类，其中线性方法又可分为主成分分析法（Principal Component Analysis，PCA）、线性判别分析法（Linear Discriminant Analysis，LDA）、多维尺度法（Multidimensional scaling，MDS）等。非线性方法可以分为核主成分分析法、基于流型学习的方法等。

1. 主成分分析法

PCA 是从一组特征中通过求解最优的正交变换，得到一组相互间方差最大的新特征，它们是原始特征的线性组合，且相互之间是不相关的。再对新特征进行重要性排序，选取前几个主成分。用较少的主成分来表示数据，可以实现特征的降维，还可以消除数据中的噪声。该算法不考虑样本的类别信息，是一种无监督的方法。

2. 线性判别分析法

该方法基本思想是将高维的数据样本投影到最佳判别的矢量空间，以达到提取分类信息和压缩特征空间维数的效果，投影后保证数据样本在新的子空间类间距离最大和类内距离最小，即样本数据在该空间中有最佳的可分离性。Fisher 线性判别分析是最具有代表性的LDA。

3. 多维尺度法

MDS 是一种很经典的数据映射方法，其是根据样本之间的距离关系或不相似度关系在低维空间里生成对样本的一种表示。MDS 分为度量型和非度量型两种，度量型 MDS 把样本间的距离关系或不相似度关系看作一种定量的度量，尽可能地在低维空间里保持这种度量关系；非度量型 MDS 把样本间的距离关系或不相似度关系看作一种定性的关系，在低维空间里只需保持这种关系的顺序。

4. 核主成分分析法

该方法对样本进行非线性变换，通过在变换空间进行主成分分析来实现在原空间的非线性主成分分析。根据可再生希尔伯特空间的性质，在变换空间中的协方差矩阵可以通过原空间中的核函数进行运算，从而绕过复杂的非线性变换。该方法对于不同的问题选择合适的核函数类型，不同的核函数类型反映了对数据分布的不同假设，也可以看作对数据引入了一种非线性距离度量。

5. 基于流型学习的方法

其基本思想是通过局部距离来定义非线性距离度量，在样本分布较密集的情况下可以实现各种复杂的非线性距离度量。具体方法有等容特征映射、欧氏距离累加、局部线性嵌入、近邻样本线性重构、拉普拉斯特征映射、邻域选取和样本间相似度表达和其他一些改进算法。

6.2.3 神经网络识别

神经网络识别是一种比较新型的图像识别技术，是在传统的图像识别方法和基础上融合神经网络算法的一种图像识别方法。这里的神经网络是指人工神经网络，也就是说这种神经网络并不是动物本身所具有的真正的神经网络，而是人类模仿动物神经网络后人工生成的。在神经网络识别技术中，遗传算法与 BP 网络相融合的神经网络识别模型是非常经典的，在很多领域都有它的应用。在图像识别系统中利用神经网络系统，一般会先提取图像的特征，再利用图像所具有的特征映射到神经网络进行图像识别分类。以汽车拍照自动识别技术为例，当汽车通过的时候，汽车自身具有的检测设备会有所感应。此时检测设备就会启用图像采集装置来获取汽车正反面的图像。获取了图像后必须将图像上传到计算机进行保存以便识别。最后车牌定位模块就会提取车牌信息，对车牌上的字符进行识别并显示最终的结果。在对车牌上的字符进行识别的过程中就用到了基于模板匹配算法和基于人工神经网络算法。

自从 2015 年深度学习占领各大图像处理比赛榜首之后，现在的图像处理大部分使用的方法都是深度学习，也就是神经网络。神经网络通过很多的神经元构建成一层一层的网络，通过激活层来使得模型有很强的非线性拟合的能力。设计者只需要将图像输入，然后告诉模型需要的结果是什么，模型便会自动地学习特征提取与结果映射。

通过深度学习，省下设计者在传统图像处理时最为费时费力的特征提取的部分。设计者只需要设计网络结果，使得网络自动提取的特征越好，效果就会越好，正确率越高。神经网络本质上是矩阵相乘与非线性的组合，通过大量的滤波核，来过滤对结果最为有用的特征而抑制对结果没有用的特征，并进行学习与分类。

在现在工程中最为常用的还是 VGG、Resnet、Inception 这几种结构，设计者通常会先直接套用原版的模型对数据进行训练一次，然后选择效果较好的模型进行微调与模型缩减。工程上使用的模型必须在精度高的同时速度要快。常用的模型缩减的方法是减少卷积和个数与减少 Resnet 的模块数。现在常用的检测模型，还是 FRCNN、Mask-RCNN、YOLO、SSD 等网络模型，一方面检测精度高，另一方面也可以达到较快的检测速度。

深度学习对于图像处理非常有用，但同时也有一些弊端，例如需要大量数据、调参需要充足的经验、需要较强的计算能力等，适合处理很复杂的现实生活场景。传统的图像处理对于特定场景下简单的任务例如文本文档的检测、矫正等，还是非常有用且高效的。

6.3 深度学习

深度学习相比一般的神经网络来说，是一种含有更多的隐藏层的神经网络结构，有些深度学习网络的神经层已经达到了 200 层之多。和机器学习类似的是，深度学习也有监督学习和无监督学习之分，只是不同的学习框架下建立的模型不同。例如卷积神经网络就是一种深度的监督学习下的机器学习模型，而深度置信网络就是一种无监督学习下的机器学习模型。

6.3.1 深度学习简介

深度学习是学习样本数据的内在规律和表示层次。学习过程中获得的信息，对文字、图像、声音等数据的解释有很大的帮助作用。它的最终目标是让机器能够像人一样具有分析学习能力，能够识别文字、图像、声音等数据。深度学习在语音和图像识别方面取得的效果，远远超过先前的相关技术。

深度学习在搜索技术、数据挖掘、机器学习、机器翻译、自然语言处理、多媒体学习、语音、推荐和个性化技术以及其他相关领域都取得了很多成果。深度学习使机器能够模仿视听、思考等人类的活动，使得人工智能相关技术取得了很大进步。下面就来了解一下常用的深度学习模型。

6.3.2 深度学习模型

随着获取的训练数据量不断增加、计算机硬件的不断改善，深度学习模型的规模也随之增长，可用来解决日益复杂的应用问题，并且精度也在不断提高。目前，在著名的 ImageNet 竞赛上，可识别约 1000 类物体的准确率已经超过了 95%。接下来就对几个主流深度学习模型，如卷积神经网络和循环神经网络作简单介绍。

卷积神经网络与普通神经网络的区别在于，卷积神经网络包含了一个由卷积层和子采样层构成的特征抽取器。在卷积神经网络的卷积层中，一个神经元只与部分邻层神经元连接。在卷积神经网络的一个卷积层中，通常包含若干个特征图，每个特征图由一些矩形排列的神经元组成，同一特征图的神经元共享权值，这里共享的权值就是卷积核。卷积核一般以随机小数矩阵的形式初始化，在网络的训练过程中卷积核将学习得到合理的权值。共享权值（卷积核）带来的直接好处是减少网络各层之间的连接，同时又降低了过拟合的风险。子采样也叫作池化，通常有均值子采样和最大值子采样两种形式。子采样可以看作一种特殊的卷积过程。卷积和子采样大大简化了模型复杂度，减少了模型的参数。一个典型的 LeNet 卷积网络模型如图 6-20 所示。

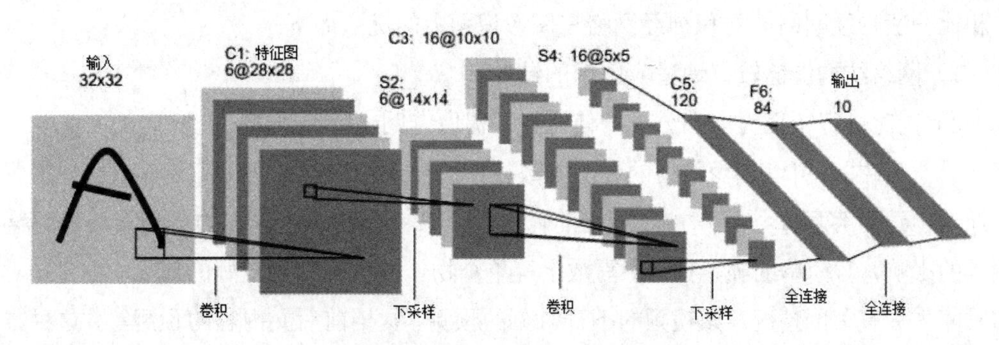

图 6-20 LeNet 卷积网络模型

原始的输入是一个 32×32 的单通道图片，经过一个卷积层后变为 28×28 的 6 通道图片。在经过下采样层后转化为 14×14 的 6 通道图片。对其再次进行卷积操作后变为 10×10 的 16 通道图片，经过下采样层后转化为 5×5 的 16 通道图片。最后经过两次全连接层变为 1×10 的输出矩阵。

卷积结构可以减少深层网络占用的内存量，有三个关键的操作，其一是局部感受野，其二是权值共享，其三是下采样层；以此来达到简化网络参数并使得网络具有一定程度的位移、尺度、缩放、非线性形变稳定性；能够有效地减少网络的参数个数，缓解模型的过拟合问题。

局部感受野，由于图像的空间联系是局部的，每个神经元不需要对全部的图像做感受，只需要感受局部特征即可,然后在更高层将这些感受得到的不同的局部神经元综合起来就可以得到全局的信息了，这样可以减少连接的数目。

权值共享，不同神经元之间的参数共享可以减少需要求解的参数，使用多种滤波器去卷积图像就会得到多种特征映射。权值共享其实就是对图像用同样的卷积核进行卷积操作，也就意味着第一个隐藏层的所有神经元所能检测到处于图像不同位置的完全相同的特征。其主要的能力就能检测到不同位置的同一类型特征,也就是卷积网络能很好地适应图像的小范围的平移性，即有较好的平移不变性（如将输入图像的猫的位置移动之后，同样能够检测到猫的图像）。

下采样层，因为对图像进行下采样，可以在减少数据处理量的同时保留有用信息。采样可以混淆特征的具体位置，因为某个特征找出来之后，它的位置已经不重要了，只需要这个特征和其他特征的相对位置，可以应对形变和扭曲带来的同类物体的变化。

卷积神经网络是一种多层的监督学习神经网络，中间层中的卷积层和下采样层是实现卷积神经网络特征提取功能的核心模块。该网络模型通过采用梯度下降法最小化损失函数，对网络中的权重参数逐层反向调节，最后通过频繁的迭代训练提高网络的精度。卷积神经网络的低层是由卷积层和最大池采样层交替组成,高层是全连接层对应传统多层感知器的隐含层和逻辑回归分类器。第一个全连接层的输入是由卷积层和子采样层进行特征提取得到的特征图像。最后一层输出层是一个分类器，可以采用逻辑回归、Softmax 回归甚至是支持向量机的方法对输入的图像进行分类。

相比一般神经网络，卷积神经网络在图像识别中的优点如下：

（1）网络结构能够较好地适应图像的结构。

（2）同时进行特征提取和分类，使得特征提取有助于特征分类。

（3）权值共享可以减少网络的训练参数，使得神经网络结构变得简单，适应性更强。

通过上述内容可知，卷积神经网络的输出都是只考虑前一个输入的影响而不考虑其他时刻输入的影响，对简单的猫、狗，手写数字等单个物体的识别具有较好的效果。但是，对于一些与时间先后有关的情况，如视频的下一时刻的预测、文档前后文内容的预测等，这种方法的表现效果并不理想。

因此就需要用到循环神经网络（Recurrent Neural Network，RNN)。RNN 是一种特殊的神经网络结构，它是根据“人的认知是基于过往的经验和记忆”这一观点提出的。它不仅考虑前一时刻的输入，而且赋予了网络对前面的内容的一种记忆功能。

RNN 之所以被称为循环神经网络，是因为一个序列当前的输出与其之前的输出也有关联。具体的表现形式为网络会对前面的信息进行记忆并应用于当前输出的计算中,即隐藏层之间的节点不再是无连接的，而是有连接的，并且隐藏层的输入不仅包括输入层的输出，还包括上一时刻隐藏层的输出。

首先来看一个简单的循环神经网络模型，如图 6-21 所示。

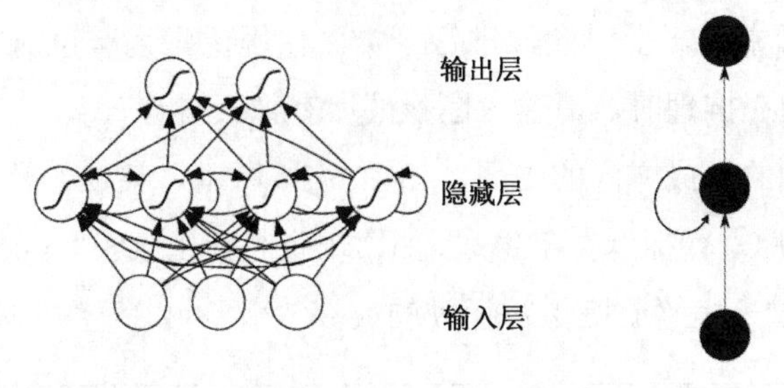

图 6-21　RNN 模型

RNN 层级结构较之卷积神经网络来说比较简单，它主要由输入层、隐藏层、输出层组成。在隐藏层有一个箭头表示数据的循环更新，这个就是实现时间记忆功能的方法。隐藏层的层级展开图如图 6-22 所示。

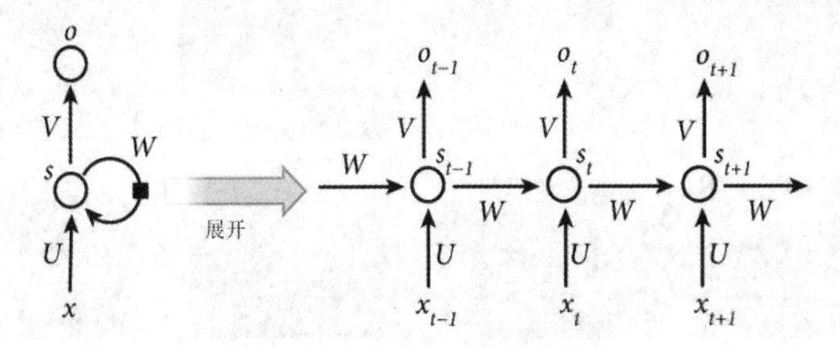

图 6-22　隐藏层的层级展开图

RNN 的应用领域有很多，可以说只要考虑时间先后顺序的问题都可以使用 RNN 来解决，如自然语言处理、语音识别等。

6.3.3　深度学习应用

深度学习的应用有很多，如在计算机视觉、语音及语义分割等领域展现出了优异的性能。深度学习在图像分割领域的应用如图 6-23 所示。

图 6-23　图像分割

图像分割是指在像素水平上对图像进行分类。使用像素为单位对各个对象分别着色的监督数据进行学习，然后在推理时，对输入图像的所有像素进行分类。

接下来是图像标题的生成方向的应用，如图 6-24 所示。某项融合了计算机视觉和自然语言的研究，能对一幅照片进行标题文字生成，如第一张照片生成了“A person riding a motorcycle on a dirty road”，翻译过来是“肮脏道路行驶的人”。

图 6-24　图像标题生成

一个基于深度学习生成图像标题的代表性方法是自然图片绘制（Neural Image Caption，NIC）的模型，NIC 由深层的卷积神经网络和处理自然语言的循环神经网络构成。深度学习还可以用来“绘制”带有艺术气息的图画。输入两个图像后，会融合生成一个新的图像，如图 6-25 所示。两个输入图像中，一个称为“内容图像”，另一个称为“风格图像”。

图 6-25　图像融合

如将梵高的绘画风格应用于内容图像，深度学习就会按照指示绘制出新的画作。该方法是在学习过程中使网络的中间数据近似内容图像的中间数据。如此就可以使输入图像近似内容图像的形状。此外，为了从风格图像中吸收风格，导入了风格矩阵的概念。通过在学习过程中减小风格矩阵的偏差，就可以使输入图像接近梵高的风格。

6.4 CNN 猫狗识别

图像分类问题是计算机视觉中一个常见的基本问题，也是目标检测、行为跟踪、图像分割等其他任务的基础。图像分类的应用涵盖交通、安防、医疗、政府、互联网等领域，其应用场景包括交通场景识别、人脸检测、智能视频分析、医学图像识别等。

近年来，卷积神经网络（Convolution Neural Network，CNN）在图像识别领域取得了惊人的成绩。CNN 将图像像素的信息作为输入，通过卷积进行特征的提取和抽象，并直接输出图像识别结果，该方法极大程度地保留了图像原始信息，其端到端的学习方法取得了很好的效果。Inception 是一类特殊而强大的 CNN，它可以在利用密集矩阵的高计算性能的同时，保持网络结果的稀疏性，以提高模型的泛化能力。

构建 CNN 时，用户要决定卷积核的大小，是 1×1 合适？还是 3×3 合适？还是 5×5 合适？要不要添加 Pooling 层？做这些决定都可以通过 Inception 网络来决定。

Inception 层是 Inception 网络中的基本结构。Inception 层的基本原理如图 6-26 所示。

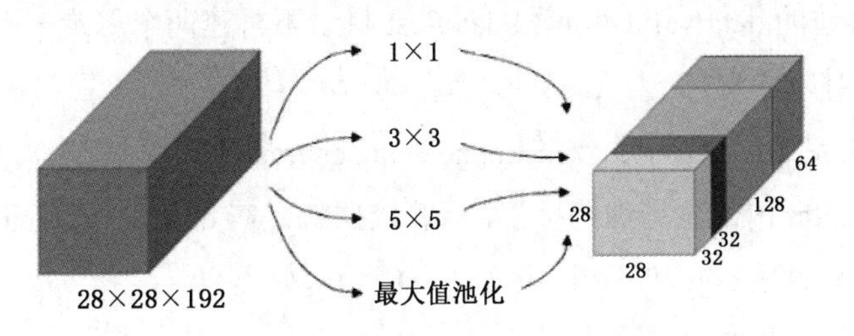

图 6-26　Inception 层的基本原理

Inception 层中，有多个卷积层结构（Conv）和 Pooling 结构（Max Pooling）。它们利用了 Padding 的原理，让经过这些结构的最终结果的维度不变。

C_1×1：28×28×192 的输入数据，与 64 个 1×1 的卷积核做卷积后，得到 28×28×64 的输出。

C_3×3：28×28×192 的输入数据，与 128 个 3×3 的卷积核做卷积后，得到 28×28×128 的输出。

C_5×5: 28×28×192 的输入数据，与 32 个 5×5 的卷积核做卷积后，得到 28×28×32 的输出。

MP: 28×28×192 的输入数据，做 Max Pooling 后（带 Padding），得到 28×28×32 的输出。

多个 Inception 层组合在一起，就构成了 Inception 网络。但这样直接计算，计算量很大，所以要利用 1×1 的卷积核，来降低计算量。

下面就通过实现一个猫狗识别的案例来熟悉 CNN 神经网络的应用与特点。

（1）猫狗的训练数据可以在 kaggle 下载，本例使用 ImageDataGenerator 在迭代生成训练数据的时候，需要把训练数据和验证、测试数据分类放置到 data 下面的三个不同目录文件夹中。三个文件夹如图 6-27 所示。

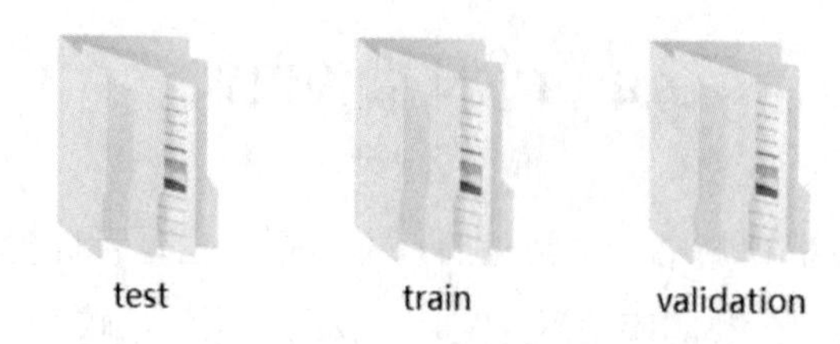

图 6-27　训练、验证和测试文件夹

（2）因为有猫和狗两类，所以在 data/train 目录下再建两个目录 data/train/dog 和 data/train/cat，两个文件夹如图 6-28 所示。

图 6-28　dog 和 cat 文件夹

（3）同理，其他的 data/validation 和 data/test 目录下再建两个目录——cat 和 data/，在 cat 和 dog 目录下放置对应的图片。

（4）分类建立完成后，Keras 会在 ImageDataGenerator 迭代过程中，自动地为 data/train、data/test、data/validation 内部生产训练标签，标签依据就是在 data/train、data/test、data/validation 下面的分类目录，本例是/dog 和/cat 目录文件夹作为两分类。

（5）导入需要使用的包。

```
import numpy as np
import matplotlib.pyplot as plt
from keras.preprocessing.image import ImageDataGenerator, image
from keras import layers
from keras import models
from keras.layers import Dropout
from keras import optimizers
from keras.models import load_model
```

（6）定义数据集路径。

```
train_dir = './data/train/'
validation_dir = './data/validation/'
model_file_name = 'cat_dog_model.h5'
```

（7）创建 CNN 的网络模型。

```
def    init_model():
        model = models.Sequential()
```

```
    KERNEL_SIZE = (3, 3)
    model.add(layers.Conv2D(filters=32,kernel_size=KERNEL_SIZE, activation='relu',
input_shape=(150, 150, 3)))
    model.add(layers.MaxPooling2D((2, 2)))
    model.add(layers.Conv2D(filters=64,kernel_size=KERNEL_SIZE, activation='relu'))
    model.add(layers.MaxPooling2D((2, 2)))
    model.add(layers.Conv2D(filters=128,kernel_size=KERNEL_SIZE, activation='relu'))
    model.add(layers.MaxPooling2D((2, 2)))
    model.add(layers.Conv2D(filters=128,kernel_size=KERNEL_SIZE, activation='relu'))
    model.add(layers.MaxPooling2D((2, 2)))
    model.add(layers.Flatten())
    model.add(layers.Dense(512, activation='relu'))
    model.add(Dropout(0.5))
    model.add(layers.Dense(1, activation='sigmoid'))
    model.compile(loss='binary_crossentropy',
                  optimizer=optimizers.RMSprop(lr=1e-3),
                  metrics=['accuracy'])
    return model
```

（8）定义损失函数。

```
def fig_loss(history):
    history_dict = history.history
    loss_values = history_dict['loss']
    val_loss_values = history_dict['val_loss']
    epochs = range(1, len(loss_values) + 1)
    plt.plot(epochs, loss_values, 'b', label='Training loss')
    plt.plot(epochs, val_loss_values, 'r', label='Validation loss')
    plt.title('Training and validation loss')
    plt.xlabel('Epochs')
    plt.ylabel('Loss')
    plt.legend()
    plt.grid()
    plt.show()
```

（9）定义准确率函数。

```
def fig_acc(history):
    history_dict = history.history
    acc = history_dict['accuracy']
    val_acc = history_dict['val_accuracy']
    epochs = range(1, len(acc) + 1)
    plt.plot(epochs, acc, 'g', label='Training acc')
    plt.plot(epochs, val_acc, 'r', label='Validation acc')
    plt.title('Training and validation accuracy')
    plt.xlabel('Epochs')
    plt.ylabel('Accuracy')
    plt.legend()
    plt.grid()
    plt.show()
```

（10）导入数据函数。

```
def fit(model):
    train_datagen = ImageDataGenerator(rescale=1. / 255)
    validation_datagen = ImageDataGenerator(rescale=1. / 255)
    train_generator = train_datagen.flow_from_directory(
        train_dir,
        target_size=(150, 150),
        batch_size=256,
        class_mode='binary')
    validation_generator = validation_datagen.flow_from_directory(
        validation_dir,
        target_size=(150, 150),
        batch_size=64,
        class_mode='binary')
    history = model.fit_generator(
        train_generator,
        epochs=10,
        validation_data=validation_generator,
    )
    model.save(model_file_name)
    fig_loss(history)
    fig_acc(history)
```

（11）模型预测函数。

```
def predict():
    model = load_model(model_file_name)
    print(model.summary())
    img_path = './data/test/cat/cat.4021.jpg'
    img = image.load_img(img_path, target_size=(150, 150))
    img_tensor = image.img_to_array(img)
    img_tensor = img_tensor / 255
    img_tensor = np.expand_dims(img_tensor, axis=0)
    plt.imshow(img_tensor[0])
    plt.show()
    result = model.predict(img_tensor)
    print(result)
```

（12）画出 count 个预测结果和图像。

```
def fig_predict_result(model, count):
    test_datagen = ImageDataGenerator(rescale=1. / 255)
    test_generator = test_datagen.flow_from_directory(
        './data/test/',
        target_size=(150, 150),
        batch_size=256,
        class_mode='binary')
```

```
    text_labels = []
    plt.figure(figsize=(30, 20))
```

迭代器可以迭代很多条数据，但这里只取第一个结果看看。

```
    for batch, label in test_generator:
        pred = model.predict(batch)
        for i in range(count):
            true_reuslt = label[i]
            print(true_reuslt)
            if pred[i] > 0.5:
                text_labels.append('dog')
            else:
                text_labels.append('cat')
            plt.subplot(count / 4 + 1, 4, i + 1)
            plt.title('This is a ' + text_labels[i])
            imgplot = plt.imshow(batch[i])
        plt.show()
        break
if __name__ == '__main__':
    model = init_model()
    fit(model)
```

（13）利用训练好的模型预测结果。

```
    predict()
     model = load_model(model_file_name)
```

（14）随机查看 1 个预测结果。

```
    fig_predict_result(model, 10)
```

随机测试在 data/test/目录下的猫狗图片，测试结果如图 6-29 所示。

图 6-29　测试结果

本章小结

本章主要介绍了人工智能视觉技术的方法，将采集到的图像利用数据增强来增大样本量，之后对样本图片进行降噪和对齐来进行预处理。

在图像识别技术中，目前所采用的是神经网络识别方法，相较于模版匹配和特征提取，神经网络的训练数据越多，结果就越准确，是一种端到端的识别方法。由神经网络自动提取图片特征，避免了特征提取法中人为规定特征；提取出特征后，存储特征数据，相较于模板匹配法节约内存空间。

本章习题

一、填空题

1．常用的激活函数有________、________、________、________。

2．梯度下降法可以分为________、________两种。

3．深度学习的基本模型有________、________两个。

二、简答题

1．请简述神经网络中激活函数的作用。

2．请写出手写数字识别的步骤。

3．请列出深度学习的应用领域。

三、实践题

请利用 TensorFlow 框架实现手写数字识别的训练和识别。

第 7 章　人工智能语音工程

随着时代和技术的发展，人工智能在语音工程方面的应用越来越多，如对话机器人、手机、家电领域的语音控制等，都采用了人工智能的方法进行语音识别。本章将介绍语音的形成原理以及人工智能在语音识别领域的应用。

第一节为语音处理技术，介绍了语音的形成原理以及特征提取。第二节介绍语音识别的两种常用方法——模板匹配法和神经网络法。最后一节则详细地介绍了神经网络法中的核心网络的原理和结构，以及训练的步骤。

- 了解语言特征。
- 了解循环网络模型。
- 了解语音的采样处理。
- 掌握循环神经网络原理。

7.1　语音处理技术

语言是人类特有的功能，声音是人类常用的工具，通过语音传递信息是人类最重要、最有效、最常用和最方便的交换信息的方式。在计算机领域，人与计算机交换信息最主要的方式是通过键盘输入。可是随着计算机轻便化的发展趋势，语音的输入方式越来越受到关注，而语音处理技术就是完成这一功能最好的技术之一。

7.1.1　语音处理技术

在介绍语言处理技术之前，先来介绍下语音的形成原理。人类发音过程首先是大脑下达指令，命令通过神经系统传达到各个部分：呼吸系统呼出的气流带动声带振动发出语音，语音再通过舌、腭、咽、齿、唇、下颌等发音器官进行调节并最终发出语音。

语音始于空气质点的振动，如吉他的弦、人的声带或扬声器纸盆产生的振动。这些振动一起推动邻近的空气分子，轻微增加空气压力。压力下的空气分子随后推动周围的空气分子，后者又推动下一组分子，依此类推。高压区域穿过空气时，在后面留下低压区域。当这些压力波的变化到达人耳时，会振动耳中的神经末梢，这种振动就是语音。

语音通过声波进行传播，能发出声波的物体称为声源。声波是一种机械波，由声源振动产生，声波传播的空间就称为声场。人耳可以听到的声波的频率一般在 20Hz～20kHz。声波可以理解为介质偏离平衡态的小扰动的传播。这个传播过程只是能量的传递过程，而不发生质量的传递。如果扰动量比较小，则声波的传递满足经典的波动方程，是线性波。如果扰动很大，则不满足线性的声波方程，会出现波的色散和激波现象。

语音可以通过复制的方法保留起来，方式是模拟录音和数字录音。模拟录音主要指以磁带作为介质，数字录音主要指以光盘作为介质。磁带录音时，麦克风把语音变成音频电流，进入录音磁头的线圈中，并在磁头的缝隙处产生随音频电流变化的磁场，磁带紧贴着磁头缝隙移动，磁带上的磁粉层被磁化，故磁带上就记录下了语音的磁信号。数字录音是把声波转换成代表语音高低的数字信息，并将其压制在光盘的膜片上；播放时，在激光器的照射下，数字编码被转变成明灭的光束，再被转换成电流，最后还原为语音。

语音信号采集是语音信号处理的前提。语音通常通过话筒输入计算机。话筒将声波转换为电压信号，然后通过 A/D 装置（如声卡）进行采样，从而将连续的电压信号转换为计算机能够处理的数字信号。

目前多媒体计算机已经非常普及，声卡、音箱、话筒等已是个人计算机的基本设备。其中声卡是计算机对语音信号进行加工的重要部件，它具有对信号滤波、放大、A/D 和 D/A 转换等功能。而且，现代操作系统都附带录音软件，通过它可以驱动声卡采集语音信号并保存为语音文件。对于现场环境不好，或者空间受到限制的情况，特别是对于许多专用设备，目前广泛采用基于单片机、DSP 芯片的语音信号采集与处理系统。接下来就为读者介绍如何对语音信号进行数字化处理。

7.1.2 语音信号数字化处理

语音信号属于模拟信号，是一种连续信号，而数字信号是非连续，即断续的信号。为了能够将语音信号采集并存储到计算机中，需要将连续的语音信号这种模拟量转换为离散式的数字信号。

在做模数转换时，先要按照一定的频率，等间隔的将模拟信号的各个时间点的信号值选出来，这个过程叫作采样，其中的频率称为采样频率，其单位为 kHz。采样频率的高低决定了语音失真程度的大小，为保证语音不失真，采样频率一般设置在 40kHz 左右。采样频率一般有三种：44.1kHz 是最常见的采样率标准（每秒取样 44100 次，用于 CD 品质的音乐）；22.05kHz

（适用于语音和中等品质的音乐）；11.25kHz（低品质）。对于高于 48kHz 的采样频率，人耳无法辨别，所以在语音处理上没有多少应用价值。

采样完成后，需要对信号值进行量化处理，量化过程是指采样时测得的模拟电压值，要进行分级量化。按电压变化的幅度进行划分，分割为几个区段，把落在某一个区段的采样到的样品归成一类，并给出相应的量化值。如+8 到–8 的取值范围，模拟信号抽样出来的值为 6.5 和 3.2，对应的区域就是 7 和 3，这样就完成了量化。

将量化之后的数值，用二进制编码的方式表示出来，如 0=000、1=001、2=010、3=011、4=100、…。这个过程就是编码。

解码器则是按照编码器的规则反向工作，将 100 解码为 4。上文中提到的 0=000、1=001、…，是最基本的编码规则，此外还有多种编码方式，只需在发信端和收信端对称地使用统一的编解码规则即可。

在计算机中，语音识别过程包括从一段连续声波中采样，将每个采样值量化，得到声波的压缩数字化表示。采样值位于重叠的帧中，对于每一帧，抽取出一个描述频谱内容的特征向量。然后，根据语音信号的特征识别语音所代表的单词。

语音信号在采集后还要进行滤波、预加重和端点检测等预处理，然后才能进入识别、合成、增强等实际应用。

滤波的目的有两个：一是抑制输入信号中频率超出 1/2 的所有分量，以防止混叠干扰；二是抑制 50Hz 的电源工频干扰。因此，滤波器应该是一个带通滤波器。

预加重处理的目的是提升高频部分，使信号的频谱变得平坦，保持在低频到高频的整个频带中，能用同样的信噪比求频谱，便于频谱分析。

端点检测是从包含语音的一段信号中确定出语音的起点和终点。有效的端点检测不仅能减少处理时间，而且能排除无声段的噪声干扰。目前主要有两类方法，时域特征方法和频域特征方法。时域特征方法是利用语音音量和过零率进行端点检测，计算量小，但对语音会造成误判，不同的音量计算也会造成检测结果不同。频域特征方法则是用语音频谱的变异和熵的检测来进行，计算量较大。

7.1.3 语音特征提取

梅尔频率倒谱系数（Mel Frequency Cepstral Coefficents，MFCCs）是一种在自动语音和说话人识别中广泛使用的特征。1980 年由戴维斯（Davis）和默梅尔斯坦（Mermelstein）提出。在提取特征之前，先介绍一下语音的频谱图，如图 7-1 所示。

峰值表示语音的主要频率成分，这些峰值称为共振峰，而共振峰携带了声音的辨识属性（就是个人身份证一样）。用它就可以识别不同的声音。

接下来就需要提取出共振峰，提取时不仅需要共振峰的位置信息，还要提取它们转变的过程。因此最终提取的是频谱的包络，这包络就是一条连接这些共振峰点的平滑曲线。频谱包络图如图 7-2 所示。

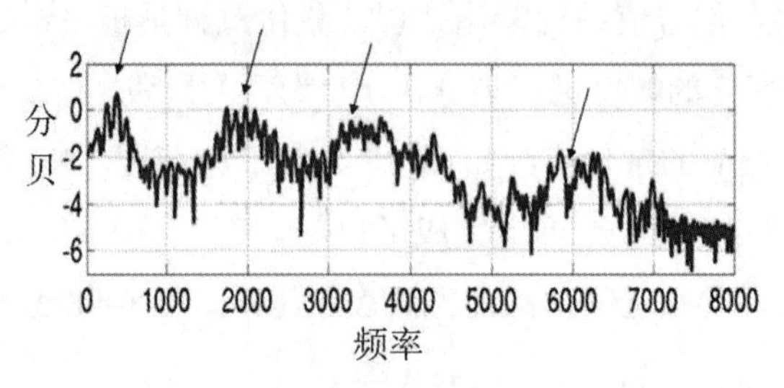

图 7-1　语音频谱图

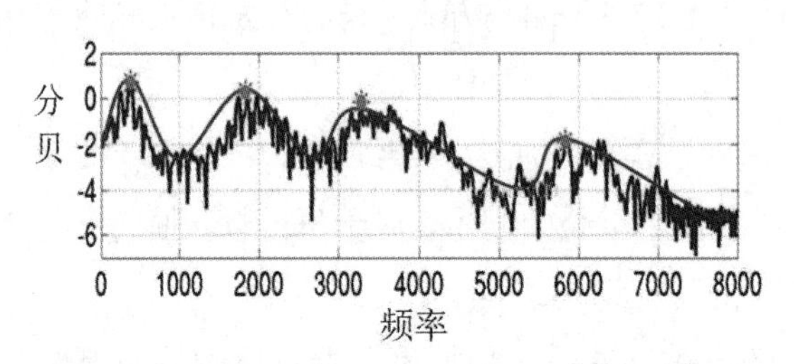

图 7-2　频谱包络图

原始的频谱由两部分组成：包络和频谱的细节。平时使用的是对数频谱，单位是分贝。现在需要把这两部分分离开，这样就可以得到包络线，频谱分割如图 7-3 所示。

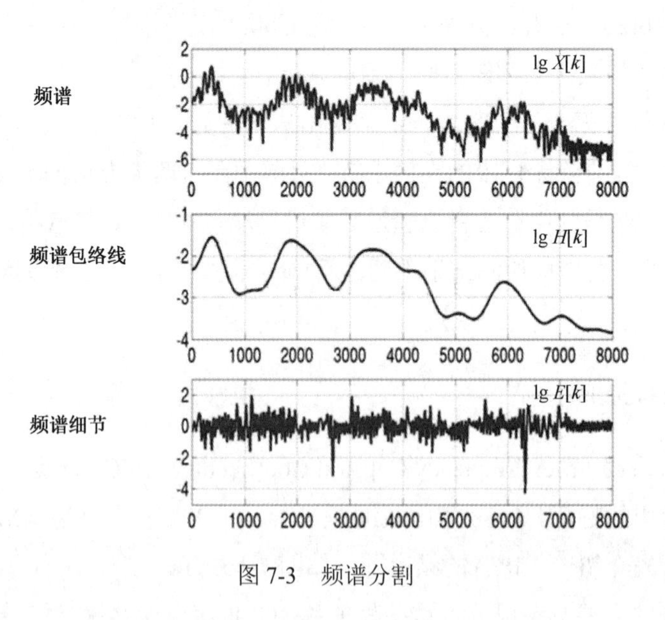

图 7-3　频谱分割

将二者分离开，即在给定 $\lg X[k]$ 的基础上，求得 $\lg H[k]$ 和 $\lg E[k]$ 的函数，以满足 $\lg X[k] = \lg H[k] + \lg E[k]$。为了实现这个等式，需要对频谱做傅里叶变换，在频谱上做傅里叶变换就相当于是逆傅里叶变换（Inverse Fourier Transform，IFFT）。在对数频谱上面做 IFFT 就是在一个伪频率（pseudo-frequency）坐标轴上面描述信号。逆傅里叶变换图如图 7-4 所示。

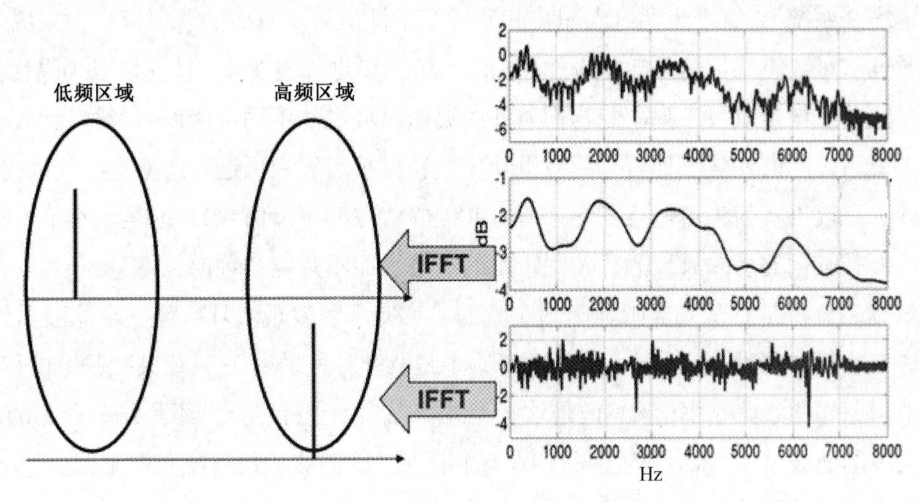

图 7-4　逆傅里叶变换图

包络主要是低频成分，把它看成一个每秒 4 个周期的正弦信号，在伪坐标轴上面的 4Hz 的地方给它一个峰值。而频谱的细节部分主要是高频，把它看成一个每秒 100 个周期的正弦信号，在伪坐标轴上面的 100Hz 的地方给它一个峰值。将二者叠加起来就是原来的频谱信号了，频谱计算图如图 7-5 所示。

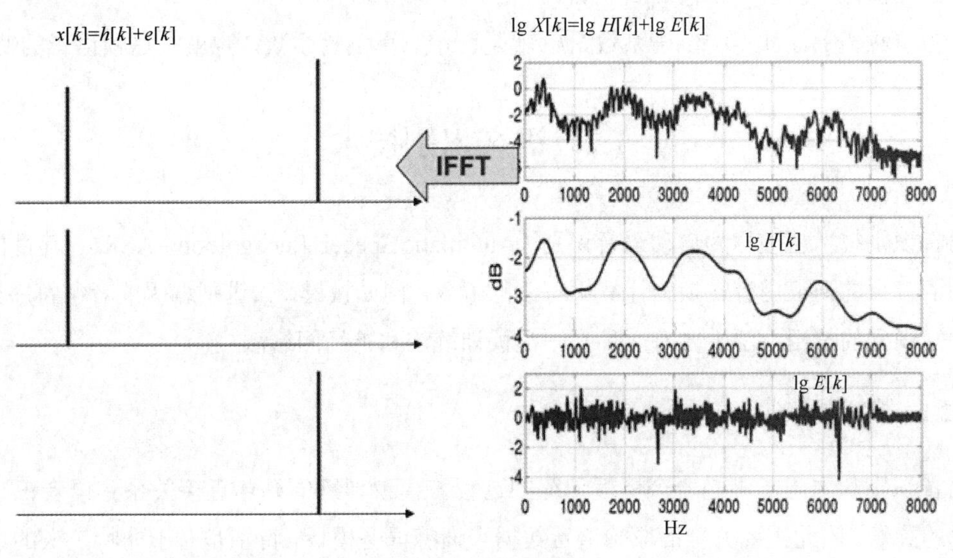

图 7-5　频谱计算图

$h[k]$ 是 $x[k]$ 的低频部分，将 $x[k]$ 通过一个低通滤波器就可以得到 $h[k]$，至此就得到了频谱的包络。

$x[k]$ 实际上就是倒谱，而所求的 $h[k]$ 就是倒谱的低频部分。$h[k]$ 描述了频谱的包络，它在语音识别中被广泛用于描述特征。它的目的是将非线性问题转化为线性问题处理。原来的语音信号实际上是一个卷性信号（声道相当于一个线性时不变系统，声音的产生可以理解为一个激励通过这个系统）。第一步通过卷积将其变成了乘性信号（时域的卷积相当于频域的乘积），第二步通过取对数将乘性信号转化为加性信号，第三步进行逆变换，使其恢复为卷性信号。这时候，虽然前后均是时域序列，但它们所处的离散时域显然不同，所以后者称为倒谱频域。

总结一下，倒谱就是一种信号的傅里叶变换经对数运算后再进行逆傅里叶变换得到的谱。至此得到了一段语音的频谱包络（连接所有共振峰值点的平滑曲线）。但是，对于人类听觉感知来说，人类听觉的感知只聚焦在某些特定的区域，而不是整个频谱包络。

梅尔频率分析是基于人类听觉感知实验的。实验观测发现人耳就像一个滤波器组一样，它只关注某些特定的频率分量（人的听觉对频率是有选择性的）。它只让某些频率的信号通过，无视它不想感知的某些频率信号。但是这些滤波器在频率坐标轴上却不是统一分布的，在低频区域有很多的滤波器，分布比较密集，但在高频区域，滤波器的数目就变得比较少，分布稀疏。

将普通频率转化到梅尔频率的公式如公式（7.1）所示。

$$\mathrm{mel}(f) = 2595 \times \lg(1 + f / 700) \tag{7.1}$$

在梅尔频域内，人类对音调的感知度为线性关系，将频谱通过一组梅尔滤波器就得到梅尔频谱。公式表述就是 $\lg X[k] = \lg(Mel - Spectrum)$ 。这时候在 $\lg X[k]$ 上进行倒谱分析。

（1）取对数： $\lg X[k] = \lg H[k] + \lg E[k]$ 。

（2）进行逆变换： $x[k] = h[k] + e[k]$ 。

在梅尔频谱上面获得的倒谱系数 $h[k]$ 就是梅尔频率倒谱系数，也就是这帧语音的特征。

7.2 语音识别技术

语音识别技术也被称为自动语音识别（Automatic Speech Recognition，ASR）。其目标是将人类的语音中的词汇内容转换为计算机可读的输入，例如按键、二进制编码或者字符序列。对语音进行识别的常用方法主要有两种——模板训练法和神经网络法。

7.2.1 模板训练法

语音识别从本质上讲是一个模板训练的过程，模板训练的好坏直接关系到语音识别系统识别率的高低。因此需要大量的原始语音数据来训练语音模板，特别是对于非特定人的语音识别系统来说，这一点就显得更为重要。

首先要建立一个语音数据库，数据库包括具有不同性别、年龄、口音的说话人的声音，能均衡地反映实际使用情况。按照一定的准则，从大量已知语音中获取表征该语音本质特征的模板参数。

有了语音数据库及语音特征（可以选择上文中提到的特征参数及其组合），就可以建立语音模板库，并用语音数据库中的语音来训练语音模板。这里所说的训练过程是指为了使语音识别系统达到某种最佳状态（如对语音库中的所有语音有最好的识别率），不断地调整系统模板的参数，使系统的性能不断向这种最佳状态逼近的过程。这是一个复杂的过程，要求计算机有强大的计算能力。常用的模板训练方法有以下两种。

当待识别词表数目不大，或者语音识别为特定设计时，可以采用简单的多模板训练方法，即每个单词的每一遍读音形成一个模板，在识别时，待识别语音分别与模板中的语音对比，然后判别它属于哪一类。但由于语音的偶然性很大，且训练时读音可能存在错误，如不正确的音联、错误的发音。这种方法形成的模板鲁棒性不好，故而这种方法被称为偶然性训练法。

对于非特定或语料库较大的语音识别，要想获得较高的识别率，就需要对多组训练数据进行聚类，以获得可靠的模板参数。最初的孤立词识别采用人工干预的聚类方法，但由于人工干预法需要人为地对每一组语音数据进行分析，因此操作烦琐。为了解决这个问题，人们提出过一系列的聚类算法，如改进的 K 均值算法。与常规的模式聚类方法的主要不同点是，语音识别模板的聚类针对的是有时序关系的特征序列，而不是维数固定的模式。此方法称为聚类训练法。

7.2.2 神经网络法

接下来介绍通过神经网络的方法进行语音识别。总结目前语音识别技术的发展现状，卷积神经网络（Convolutional Neural Networks，CNN）、深度神经网络（Deep Neural Network，DNN）、循环神经网络（Recurrent Neural Network，RNN）和长短期记忆网络（Long Short-Term Memory，LSTM）等方法是语音识别中几个主流的研究方向。

通常情况下，语音识别都是基于时频分析后的语音时频谱完成的。要想提高语音识别率，就需要克服语音信号的多样性，如说话人（说话人自身以及说话人之间）的多样性、环境的多样性等。CNN 可以提供在时间和空间上的平移不变性的卷积变换，将卷积神经网络的思想应用到语音识别的声学建模中，则可以利用卷积的不变性来克服语音信号本身的多样性。从这个角度分析，则可以认为是将整个语音信号分析得到的时频谱当作一张图像来处理，采用图像中广泛应用的深层卷积网络对其进行识别。

从实用性的角度考虑，CNN 也比较容易实现大规模的并行化运算。虽然在 CNN 卷积运算中涉及很多小矩阵操作，运算很慢，但是目前 CNN 的加速算法比较成熟，如查拉 •皮拉（Chella Pilla）等人提出一种可以把所有这些小矩阵转换成一个大矩阵的乘积的方法，能够有效地减少计算量，加快计算速度。一些通用框架如 TensorFlow、Caffe 等也提供了 CNN 的并行化加速模块，为 CNN 在语音识别中的应用打好了基础。

LSTM 是 RNN 的一种改进式的网络结构，也是目前语音识别中应用最广泛的一种网络，这种网络能够对语音的长时相关性进行建模，从而提高了识别的正确率。双向 LSTM 网络可以获得更好的性能，但存在训练复杂度高、解码延时高的问题。

CNN 和 LSTM 在语音识别任务中可以获得比单独的 DNN 更好的性能提升，就建模能力来说，CNN 擅长减小频域变化，LSTM 可以提供长时记忆，DNN 适合将特征映射到独立空间。因此在 CLDNN（Convolution，Long Short Memory，Deep Netural Network）中，将 CNN、LSTM 和 DNN 串联起来融合到了一个网络中。

CLDNN 网络的目的是将特征空间映射到更容易分类的输出层。其通用结构是，输入层为时域相关的特征，通过连接 CNN 来减小频域中值的变化，CNN 的输出后接入 LSTM 来减小时域中值的变化，LSTM 的结果输入到 DNN 层中进行分类计算。

CNN 部分为两层结构，每层有 256 个特征图，第一层采用大小为 9×9 的时域-频域卷积核，第二层为 4×3 大小的卷积核。池化层采用最大池化的策略。第一层的池化层大小为 3×3，第二层 CNN 不接池化层。由于 CNN 最后一层输出维度较大，所以在 CNN 后，LSTM 之前接一个线性层来降维。降维减少参数并不会对准确率有太大影响，线性层输出为 256 维。

线性层后接 2 层 LSTM，每个 LSTM 层采用 832 个 cells，LSTM 输出层后接一个 512 维的映射层来降维。降维后连接到 DNN 后输出结果， CLDNN 模型结构如图 7-6 所示。

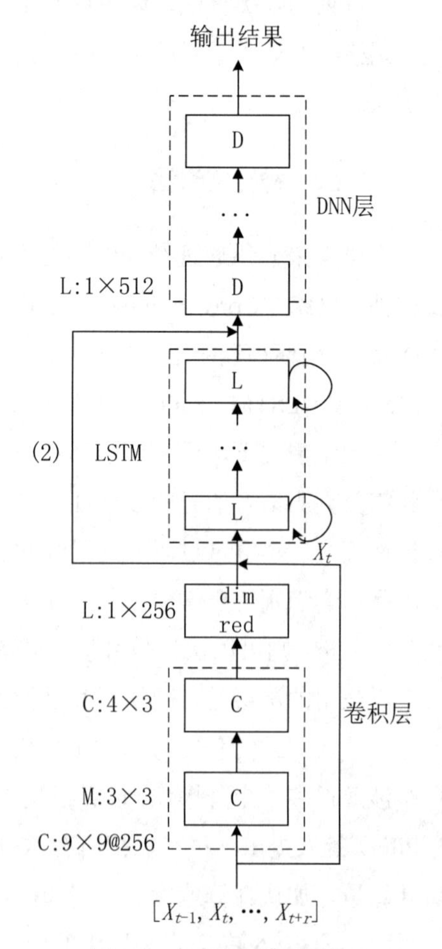

图 7-6 CLDNN 模型结构

此前也有研究者将 CNN、LSTM 和 DNN 融合在一起训练，但是三个网络分别训练，最后再通过融合层融合在一起。而 CLDNN 是将三个网络同时训练，用 CNN 来减小频域上的变化，使 LSTM 的输入能够适应更强的特征，使用 DNN 增加隐藏层和输出层之间的深度来获得更强的预测能力。

由于 CNN 本身卷积在频域上的平移不变性，同时 VGG、残差网络等深度 CNN 网络的提出，给 CNN 带来了新的发展，使得在语音识别的神经网络中添加 CNN 层开始流行。IBM、微软、百度等多家机构相继推出了自己的 Deep CNN 模型，提升了语音识别的准确率。

百度将 Deep CNN 应用于语音识别研究，使用了 VGG 网络，以及包含残差连接的深层 CNN 等结构，并将 LSTM 和 CTC 的端对端语音识别技术相结合，使得识别错误率相对下降了 10%以上。

微软人工智能与研究部门的团队系统性地使用了卷积和 LSTM 神经网络，并结合了一个全新的空间平滑方法。使得他们的语音识别系统实现了和专业速录员相当甚至更低的词错率，达到了 5.9%，等同于人速记同样一段对话的水平。

2015 年，IBM Watson 公布了英语会话语音识别领域的一个重大里程碑：系统在非常流行的评测基准 Switchboard 数据库中取得了 8%的词错率。其解码部分采用的是隐形马尔可夫模型，语言模型采用的是启发性的神经网络语言模型。声学模型主要包含三个不同的模型，分别是带有最大值激活的循环神经网络、3×3 卷积核的 Deep CNN 和 LSTM。

7.3 RNN 技术在语音识别中的应用

语音识别技术中最常用、最核心的深度学习模型就是循环神经网络。该模型对数据的处理方法是按顺序、按步骤进行的。与人类理解文字的道理相似，RNN 主要用来解决序列化的问题，强调的是先后顺序。如语言的翻译问题，语言中某个词的含义和前后的单词有联系，也可能与它之前的所有单词都有联系，前后顺序不能颠倒。本章就来详细介绍 RNN 的原理以及改进型的 RNN 结构。

7.3.1 RNN 结构

原始的 RNN 由于梯度的乘性问题，前面序列的影响近乎为 0，因此使用 LSTM 来修正为加性问题。RNN 的数学基础是马尔可夫链，后续的值是由前面的值和一些参数的概率决定的。为了便于消化和理解，接下来先介绍下单层的网络结构，其中，x 是输入数据，y 是输出，W 为权重值，b 为偏差值，f 则是激活函数。单层的网络结构如图 7-7 所示。

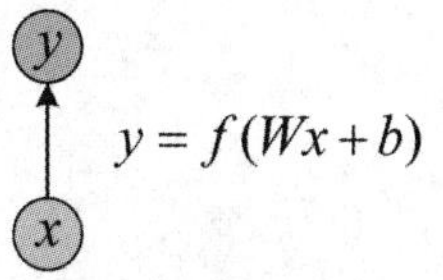

$$y = f(Wx + b)$$

图 7-7 单层的网络结构

作为对比，再来介绍常见的 RNN 结构，左边是 RNN 网络，右边是 RNN 网络按时序展开的形式，如图 7-8 所示。

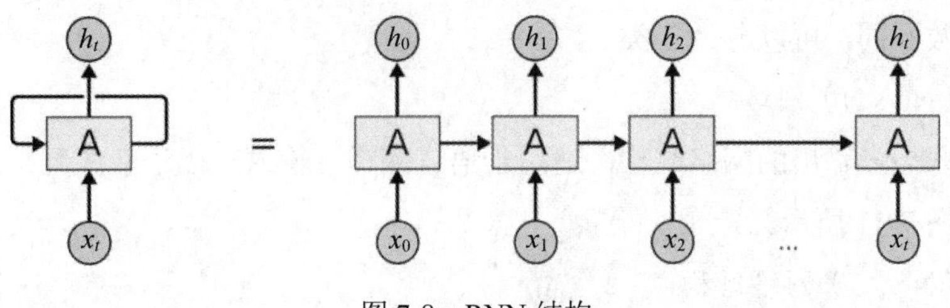

图 7-8 RNN 结构

RNN 中隐状态值的更新需要依赖上一次的隐状态值，就是人们理解的记忆信息，RNN 的时序展开如图 7-9 所示。

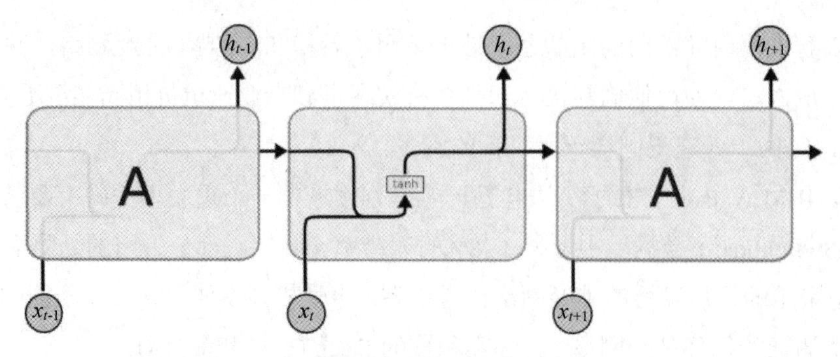

图 7-9 RNN 的时序展开

RNN 的结构中，t 时刻的输出结果 h_t 和当前输入 x_t 以及上一时刻的输出结果 h_{t-1} 共同相关，然后经过一个激活函数，输出 t 时刻的结果，并把结果作为记忆信息输入到下一时刻，如式（7.2）。

$$h_t = f(Ux_t + Wh_{t-1} + b) \tag{7.2}$$

其中 U 为当前输入 x_t 的权重值，W 为上一时刻输出结果 h_{t-1} 的权重值，b 为偏移量。f 为激活函数，如式（7.3）。

$$f(x) = \tanh x = \frac{e^x - e^{-x}}{e^x + e^{-x}} \tag{7.3}$$

输出之后再经过一个 Softmax 运算后得到分类结果，如图 7-10 所示。

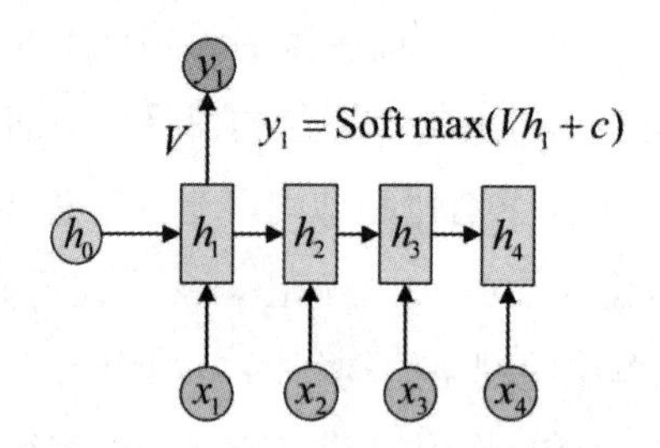

图 7-10 对输出结果进行 Softmax 运算

RNN 的输入与输出数目的关系不同，对应的网络也不相同，常用的网络根据输入序列与输出序列的个数不同，可以分为 3 类。

1. RNN（N vs N）网络结构

这是多输入与多输出的网络结构，适用于语言翻译，输入一段语音序列，返回一段文字。其网络结构如图 7-11 所示。

2. RNN（N vs 1）网络结构

这是多输入与单输出的网络结构，适用于语义判断，输入一段语音序列，判断这句话是褒义还是贬义。其网络结构如图 7-12 所示。

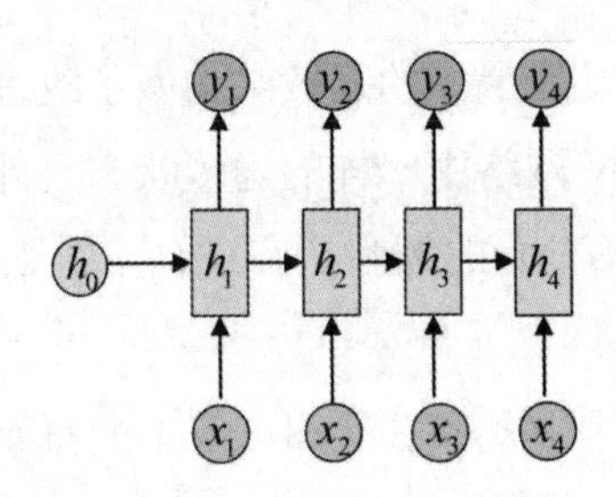

图 7-11　RNN（N vs N）网络结构

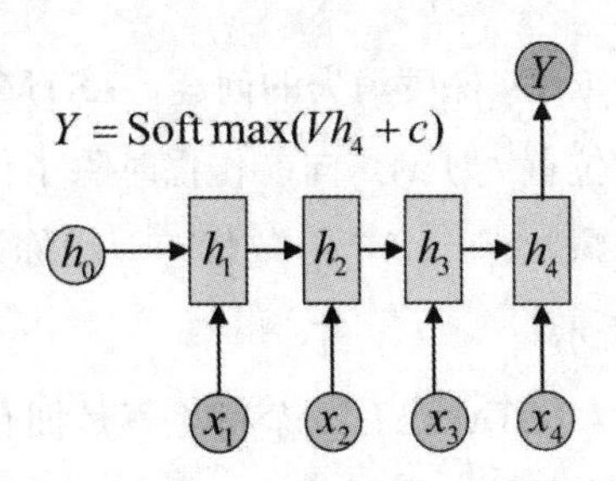

图 7-12　RNN（N vs 1）网络结构

3. RNN（1 vs N）网络结构

这是单输入与多输出的网络结构，输入一个语音序列，输出一句话。其网络结构如图 7-13 所示。

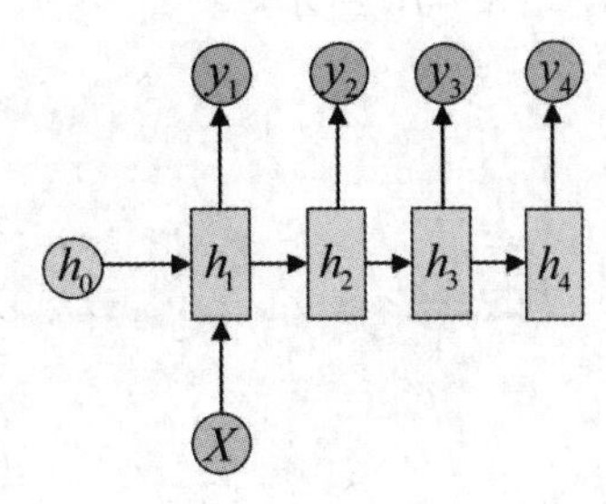

图 7-13　RNN（1 vs N）网络结构

与其他的神经网络结构相比，RNN 的特点就是能够区分时刻信息，前一时刻信息的输出作为下一时刻信息的输入的一部分。它采取线性序列结构不断从前往后收集输入信息，但这种线性序列结构不擅长捕获文本中的长期依赖关系，这主要是因为反向传播路径太长，从而容易导致严重的梯度消失或梯度爆炸问题。

通俗地说，如参加考试，事先把书本上的所有知识都记住，到了考试的时候，早期的知识会被近期的知识完全覆盖，导致遗忘。为了解决这个问题，通常的做法是对知识做一个理性判断，重要的知识给予更高的权重，重点记忆。不重要的知识给予较低的权重，这样才能在考试的时候有较好的发挥。这种记忆方式就是长短期记忆网络（Long Short-Term Memory，LSTM）。

7.3.2　LSTM 结构

在模型的训练阶段，由于 RNN 梯度消失的问题比较明显，因此很难处理长序列的数据。对 RNN 进行改进得到了 RNN 的特例 LSTM，它可以避免常规 RNN 的梯度消失，因此在工业界得到了广泛的应用。下面就介绍 LSTM 模型，LSTM 的整体结构如图 7-14 所示。

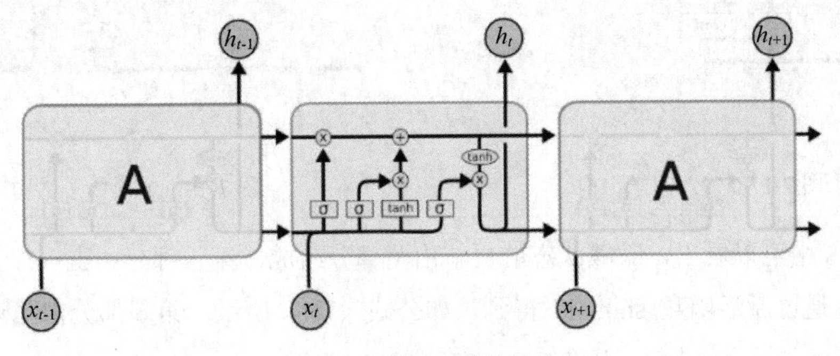

图 7-14　LSTM 整体结构

由于 RNN 梯度消失的问题，LSTM 结构对序列索引位置 t 的隐藏结构做了改进，在每个序列索引位置 t 时刻，向前传播时除了传播一个与 RNN 网络中一样的隐藏状态之外，还多了另一个隐藏状态，这个隐藏状态一般称为细胞状态。LSTM 的细胞状态（$C_{t-1} \to C_t$ 横线）如图 7-15 所示。

另外，LSTM 还有一个特点就是拥有遗忘门，来控制是否遗忘，即以一定的概率控制是否遗忘上一层的隐藏细胞状态。遗忘门的作用就是给不同时刻的数值赋予不同的权重。遗忘门子结构如图 7-16 所示。

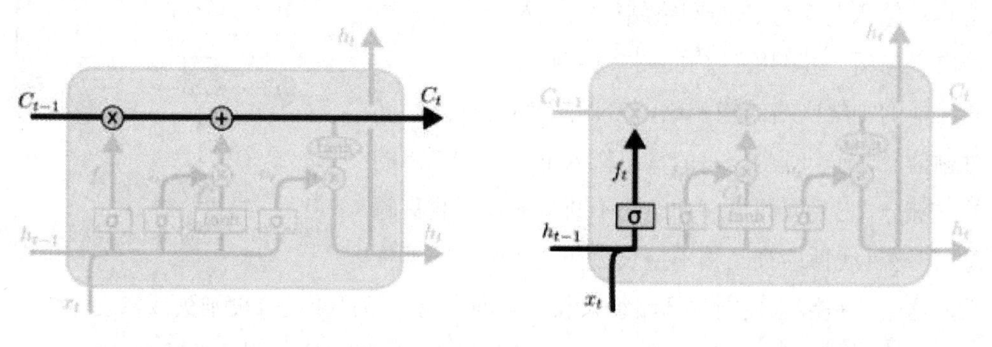

图 7-15 LSTM 的细胞状态　　图 7-16 遗忘门子结构

图 7-16 中的输入包含上一序列的隐藏状态 h_{t-1} 和本序列数据 x_t，通过一个激活函数，一般是 sigmoid，得到遗忘门的输出 f_t。由于 sigmoid 的输出在[0,1]之间，因此这里的输出代表了遗忘门的上一层隐藏细胞状态的概率。除了遗忘门之外，LSTM 的输入门还负责处理当前序列位置的输入，它的子结构如图 7-17 所示。

最后介绍下 LSTM 的输出门。有了新的隐藏细胞状态 C_t，输出门的子结构如图 7-18 所示。

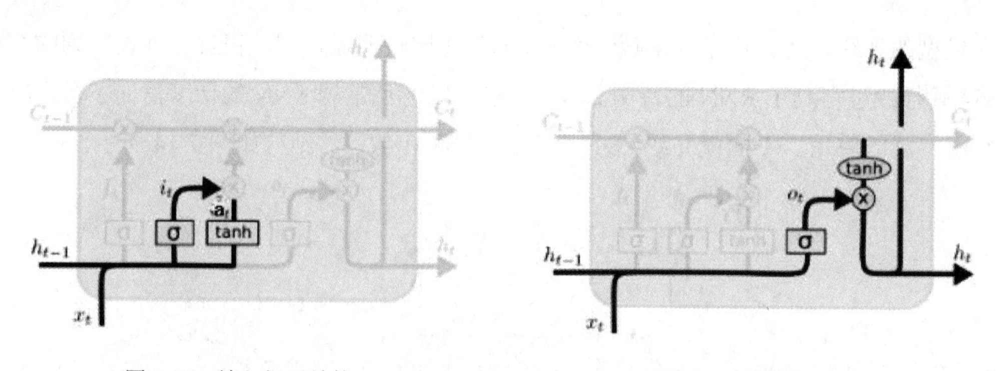

图 7-17 输入门子结构　　图 7-18 输出门子结构

从图 7-18 中可以看出，隐藏状态的更新由两部分组成，第一部分由上一序列的隐藏状态和本序列数据通过激活函数 sigmoid 得到，如公式（7.4）所示。第二部分由隐藏状态和 tanh 激活函数组成，如公式（7.5）所示。

$$o_t = \sigma(Wh_{t-1} + Ux_t + b) \tag{7.4}$$

$$h_t = o_t \odot \tanh(c_t) \tag{7.5}$$

其中，W 和 U 分别为 h_{t-1} 和 x_t 的权重，b 为偏移量。

LSTM 的结构更类似于人类对于知识的记忆方式。理解 LSTM 的关键就在于理解两个状态和内部的三个门机制，如图 7-19 所示。可以看到，LSTM 在每个时刻接收上个时刻的输入有两个——$c^{\langle t\text{-}1\rangle}$ 和 $a^{\langle t\text{-}1\rangle}$，传给下一个时刻的输出也有两个——$c^{\langle t\rangle}$ 和 $a^{\langle t\rangle}$。

通常将 $c^{\langle t\rangle}$ 看作全局信息，$a^{\langle t\rangle}$ 看作全局信息对下一个细胞影响的隐藏状态。

遗忘门、输入门和输出门分别都是一个激活函数为 sigmoid 的小型单层神经网络。由于 sigmoid 在(0,1)范围内的取值有效用于判断是保留还是遗忘信息（乘以接近 1 的值表示保留，乘以接近 0 的值表示遗忘），提供了信息选择性传输的能力。这样就可以很好理解门在 LSTM 是怎样工作的了。

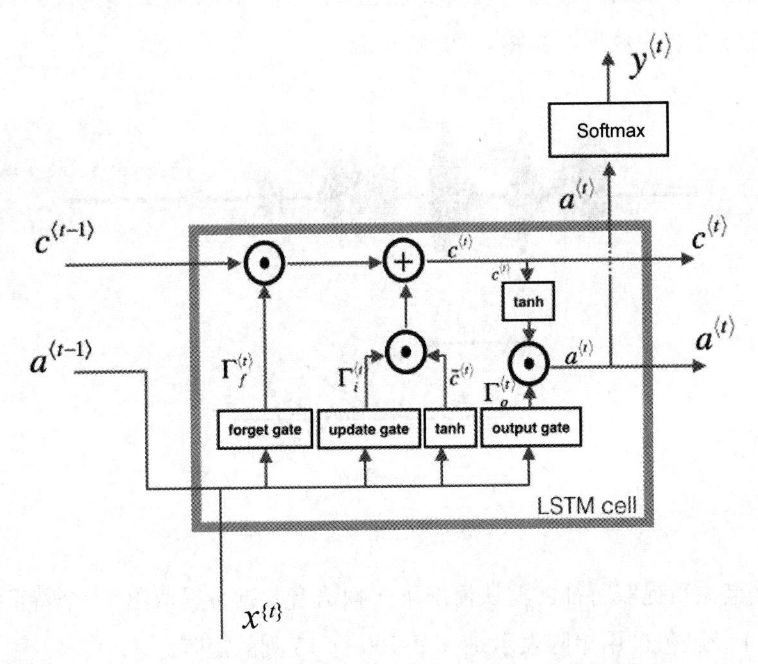

图 7-19　三门机制

遗忘门有两个输入：当前时间时刻的输入 $x^{\{t\}}$ 以及上一层输出的隐藏状态 $a^{\langle t\text{-}1\rangle}$，遗忘门通过这两个输入训练出一个门函数，将其与上一层输出的全局信息 $c^{\langle t\text{-}1\rangle}$ 相乘，表示全局信息被选择部分遗忘。

对于输入门，同样训练出一个门函数，与此同时，将接收到的 $a^{\langle t\text{-}1\rangle}$ 和 $x^{\{t\}}$ 通过一个激活函数为 tanh 的小型神经网络，这一部分与传统 RNN 网络一样，就是将上一时刻得到的信息与该时刻得到的信息进行整合。将整合信息与门函数的输出相乘，相当于同样选择有保留地提取新信息，并将其直接加在全局信息中去。

对于输出门，同样地训练出一个门函数，与此同时，将新的隐藏状态 $c^{\langle t\rangle}$ 通过一个简单的 tanh 函数后与门函数的输出相乘，则可以得到该时刻全局信息对下一个细胞状态影响的隐藏状态 $a^{\langle t\rangle}$ 。

LSTM 能够很好地处理时序信息的内容，也能够避免遗忘。但是 LSTM 也有其局限性，由于采用的是时序性的结构，因此一方面很难具备高效的并行计算能力（当前状态的计算不仅要依赖当前的输入，还要依赖上一个状态的输出），另一方面整个 LSTM 模型（包括其他的 RNN 模型）总体上更类似于一个马尔可夫决策过程，较难以提取全局信息。

7.3.3 网络训练

最后为读者介绍如何进行网络的训练。在开始之前，需要对原始声波进行数据处理，输入数据是经过声学特征提取的数据，以帧长 25ms、帧移 10ms 的分帧为例，一秒钟的语音数据大概会有 100 帧左右的数据，如图 7-20 所示。

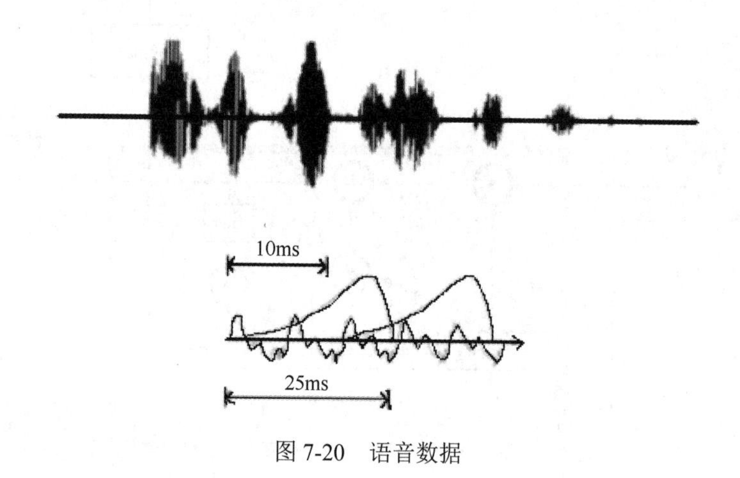

图 7-20　语音数据

采用梅尔倒谱系数提取特征，默认情况下一帧语音数据会提取出 13 个特征值，一秒钟则会提取 100×13 个特征值。用矩阵表示是一个 100 行 13 列的矩阵。

把语音数据特征提取完成之后，接下来和图像识别类似。区别只是图像数据是把整个矩阵作为一个整体输入到神经网络里面处理，而序列化数据则是将一帧一帧的数据放到神经网络中处理。

如训练一句英文，假设输入给 LSTM 的是一个 100×13 的序列数据，发音因素的种类数目是 26（26 个字母），则经过 LSTM 处理之后，输入给连接主义时间分类（Connectionist temporal classification，CTC）的数据要求是 100×28 的形状的矩阵（28=26+2）。其中 100 是原始序列的长度，即多少帧的数据，28 表示这一帧数据在 28 个分类上的各自概率。在这 28 个分类中，其中 26 个是发音因素，剩下的两个分别代表空白和没有标签。

接下来就进行网络结构的训练流程设计，如图 7-21 所示。

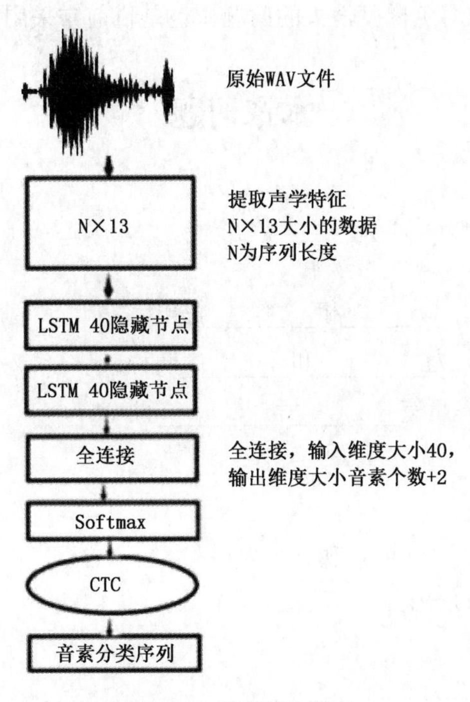

图 7-21　训练流程设计

原始的 wav 文件经过声学特征提取变成 N×13，N 代表这段数据有多长，13 是每一帧数据有多少特征值。然后把 N×13 矩阵输入给 LSTM 网络，这里涉及两层双向 LSTM 网络，隐藏节点是 40 个，经过 LSTM 网络之后，如果是单向的，输出会变成 40 个维度，双向的则会变成 80 个维度。先经过全连接层，对这些特征值分类，最后经过 Softmax 计算各个分类的概率，后面再接 CTC，最后接正确的音素序列。至此就完成了整个训练流程。

本章小结

本章介绍了语音形成的原理以及人类的听觉系统如何处理这些语音信号，在计算机中，则是通过采样将声波的模拟信号转化为数字信号。信号采集之后，对语音信号进行特征提取转化为特征向量矩阵，作为神经网络的输入。

之后又为大家介绍了常见的语音识别技术，如模板匹配法和神经网络法。其中目前研究较多的是神经网络的方法，尤其是以 CLDNN 的方法更为常见，该方法融合了 CNN+RNN 的特点，既增加了鲁棒性又提高了训练的准确率。

最后为大家详细地介绍了 RNN 的网络结构，相比于 CNN，RNN 能够识别句子前后的逻辑关系，而不像 CNN 一样将每一个因素当成是互不联系的个体。而 RNN 网络结构增多，会出现梯度消失和“遗忘”的缺点，故又推出了一种改进的RNN结构，即LSTM方法，通过增加主线和支线，能够有效地避免梯度消失的问题，也是目前常采用的语义识别方法。

本章习题

一、填空题

1．梅尔频率倒谱系数由________和________提出。

2．语音识别技术可以分为________和________两种。

3．语音识别中常用的模型有________和________两个。

二、简答题

1．写出语音信号进行数字化的步骤。

2．请画出RNN的网络结构。

参考文献

[1] 王万良．人工智能导论[M]．3 版．北京：高等教育出版社，2011．

[2] 李连德．一本书读懂人工智能[M]．北京：人民邮电出版社，2016．

[3] 史蒂芬・卢奇．人工智能[M]．北京：人民邮电出版社，2018．

附录　Python 常用机器学习模块

人工智能学习实践常常离不开 Python。

- Pandas 的使用。
- Matplotlib 的使用。
- sklearn 的使用。

Python 是一门编程语言，由于 Python 有丰富的扩展库，提供众多开源的科学计算库，因此 Python 在人工智能领域有非常广泛的应用。Python 被大量应用在数据挖掘和深度学习领域，其中使用极其广泛的是 NumPy、Pandas、Matplotlib、sklearn 和 PIL 等库。

F-1　Pandas

Pandas 是 Python 的核心数据统计分析支持库，是一个强大的分析结构化数据的工具集；使用基础是 NumPy，NumPy 主要提供高性能的矩阵运算，矩阵运算处理的是数值型的数据；在数据分析中除了数值型的数据还有很多其他类型的数据（字符串、时间序列），可以很好地处理除了数值型的其他数据；用于数据挖掘和数据分析，同时也提供数据清洗功能。

1．Pandas 的安装和导入

安装 Pandas 最常用的方法是使用 Anaconda，在终端或命令符下输入如下命令。

```
conda install pandas
```

如果未安装 Anaconda，可以使用 Python 自带的包管理工具 pip，在终端或命令符下输入如下命令。

```
pip install pandas
```

对安装成功的包，如果需要使用其中的功能或函数，需要将该包导入到程序中，示例如下。

```
import numpy as np      #pandas 和 numpy 常常结合在一起使用，首先导入 numpy 库
import pandas as pd     #导入 pandas 库
```

2. Pandas 的基本数据结构

Pandas 是基于 NumPy 开发的，主要数据结构包括 Series 和 DataFrame。Series 是一个带标签的一维同构数组，DataFrame 是一个带标签的、大小可变的二维异构数组，见表 1。

表 1　Pandas 基本数据结构

维数	名称	描述
1	Series	带标签的一维同构数组
2	DataFrame	带标签的、大小可变的二维异构数组

（1）Series 数据。

Series 是带标签的一维数组，可存储整数、浮点数、字符串、Python 对象等类型的数据。轴标签统称为索引，如图 1 所示。

Series	
索引列（index）	数据列（value）
0	12
1	4
2	10
3	9

图 1　Series 的数据结构

Series 的数据结构为"键-值对"形式，其中的键可以重复。类似于一维数组对象，它由一维数组（各种 NumPy 数据类型）以及一组与之相关的数据标签（即索引）组成，可理解为带标签的一维数组，可存储整数、浮点数、字符串、Python 对象等类型的数据。

1）创建 Series。调用 Pandas 提供的 Series 函数即可创建 Series。

```
pd.Series(data, index=index)
```

其中 data 表示 Series 的值，支持 Python 字典、多维数组以及列表。index 设置索引列表，当 index 缺省时，索引值为 $0,1,2,\ldots,n-1$。

```
import pandas as pd
import numpy as np
s = pd.Series(['a', 'b', 'c', 'd', 'e'])
print(s)
0    a
1    b
2    c
3    d
4    e
dtype: object
```

Series 中可以使用 index 设置索引列表。与 Python 的字典不同的是，Series 允许索引值重复，例如：

```
#与字典不同的是：Series 允许索引重复
s = pd.Series(['a','b','c','d','e'],index=[100,200,100,400,500])
print(s)
```

结果如下：

```
100    a
200    b
100    c
400    d
500    e
dtype: object
```

可以使用字典实例化一个 Series，例如：

```
d = {'b': 1, 'a': 0, 'c': 2}
s = pd.Series(d)
print(s)
```

结果如下：

```
b    1
a    0
c    2
dtype: int64
```

2）查看 Series 的 values 和 index。可以通过 Series 的 values 和 index 属性获取其数组表示形式和索引对象。

```
s = pd.Series(['a','b','c','d','e'],index=[100,200,100,400,500])
print(s)
print(s.values)
print(s.index)
```

结果如下：

```
100    a
200    b
100    c
400    d
500    e
dtype: object
['a' 'b' 'c' 'd' 'e']
Int64Index([100, 200, 100, 400, 500], dtype='int64')
```

提示：Series 中有一个很最重要的功能是在算术运算中自动对齐不同索引的数据。

（2）DataFrame 数据。

DataFrame 是一种二维数据结构，数据以表格形式存储，有对应的行和列，类似于 Excel 或 Sql 表。它含有一组有序的列，每列可以是不同的值类型（数值、字符串、布尔值等）。DataFrame 数据结构如图 2 所示。

DataFrame 既有行索引也有列索引，它可以被看作由 Series 组成的字典（共用同一个索引），用多维数组字典、列表字典可以生成 DataFrame。

DataFrame			
索引列	数据列 1（作者）	数据列 2（书名）	数据列 3（价格）
0	张丽	Java	49
1	李颖	Python	37
2	王英	Html5	43
3	何兰	Web	47

图 2　DataFrame 数据结构

1）创建 DataFrame。可以使用数组字典、列表字典、Series 字典等方式生成 DataFrame。

```
data = {'author': ['张丽', '李颖', '王英', '何兰'], 'title': ['Java', 'Python', 'Html5', 'Web'], 'price': [49, 37, 43, 47]}
frame = pd.DataFrame(data)
print(frame)
```

结果如下：

```
    author  title   price
0   张丽    Java     49
1   李颖    Python   37
2   王英    Html5    43
3   何兰    Web      47
```

2）DataFrame 操作。DataFrame 列可以通过赋值的方式进行修改，例如，在 data 中新增一个 total 列，该列的值为 price*3。

```
frame ['total'] = frame['price']*3
print(frame)
```

结果如下：

```
    author  title   price  total
0   张丽    Java     49    147
1   李颖    Python   37    111
2   王英    Html5    43    129
3   何兰    Web      47    141
```

下面是几种对 DataFrame 的简单操作介绍。

- 从 csv 文件只读取前几行的数据。

```
pd.read_csv('mydata.csv',nrows =5)  #从文件中读取前 5 行数据。
pd.read_csv('mydata.csv', nrows =2, usecols = ['author', 'title'])  #从文件中读取前 2 行数据和指定输出列。
```

- 从 csv 文件中每隔 n 行读取数据。

```
df = pd.read_csv('mydata.csv', chunksize = 10)  #设置从文件中每隔 10 行读取数据。
df1= pd.DataFrame( )  #新建 DataFrame 数据类型。
for chunk in df:
df1= df1.append(chunk.iloc[0,:])  #获取数据并追加到 df1 中。
```

- 显示前 n 行信息或后 n 行信息。

```
print(df.head(2))     #显示前 2 行信息，默认为前 5 行。
print(df.tail(2))     #显示最后 2 行信息。
```

- 显示 DataFrame 的行和列。

  print(df.shape( ))

- 显示 DataFrame 的每列元素的数据类型。

  print(df.dtype( ))

F-2 Matplotlib

Matplotlib 是一个在 Python 下实现的第三方库，旨在用 Python 实现 MATLAB 的功能，是 Python 下最出色的绘图库；在图像美化方面比较完善，可以自定义线条的颜色和样式，可以在一张绘图纸上绘制多张小图，也可以在一张图上绘制多条线，可以很方便地将数据可视化并对比分析。

Matplotlib的使用中要先安装numpy库（一个Python下数组处理的第三方库，可以很方便地处理矩阵、数组）。

1. Matplotlib 图标结构

Matplotlib 基本图表结构包括坐标轴（x 轴、y 轴）、坐标轴标签、坐标轴刻度、坐标轴刻度标签、绘图区、画布，如图 3 所示。

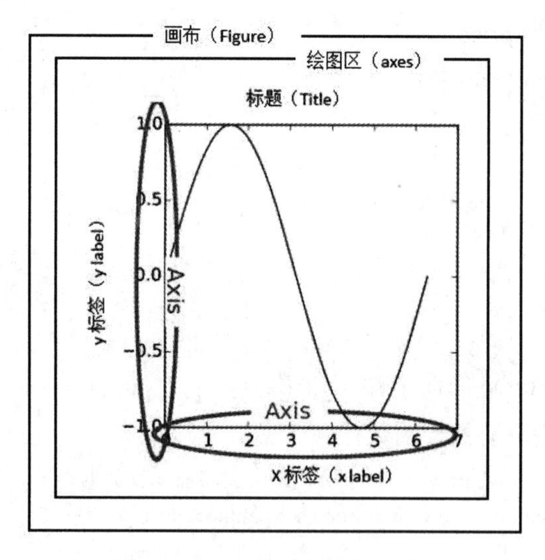

图 3 Matplotlib 基本图表结构

图 3 中 Figure 表示一个绘制面板，其中可以包含多个 axes（即多个图表）。axes 表示一个图表，一个 axes 包含图像标题（Title）、x 轴、y 轴以及轴标签等。

2. Matplotlib 坐标区间设置

（1）arange()函数。

arange函数类似于Python的range函数，通过指定开始值、终值和步长来创建一维数组（注意数组不包括终值）。

```
>>> import numpy as np
>>> np.arange(0,1,0.1)
```

结果如下：

```
array([ 0. , 0.1, 0.2, 0.3, 0.4, 0.5, 0.6, 0.7, 0.8, 0.9])
```

此函数在区间[0,1]之间以0.1为步长生成一个数组。

arange()函数缺省步长为1，例如：

```
>>> np.arange(0,10)
```

结果如下：

```
array([0, 1, 2, 3, 4, 5, 6, 7, 8, 9])
>>> np.arange(0,5.6)
```

结果如下：

```
array([ 0., 1., 2., 3., 4., 5.])
```

（2）axis()函数。

plt.axis([xmin,xmax,ymin,ymax]) 用于设置坐标轴范围，xmin 和 xmax 表示 x 轴的最小值和最大值，ymin 和 ymax 表示 y 轴的最小值和最大值，例如：

```
import matplotlib.pyplot as plt
import numpy as np
if __name__ == "__main__":
    x = np.arange(-10, 10, 0.1)
    y = x ** 2
    plt.plot(x, y,)
    plt.axis([-10, 10, 0, 100])
    plt.show()
```

结果显示如图 4 所示。

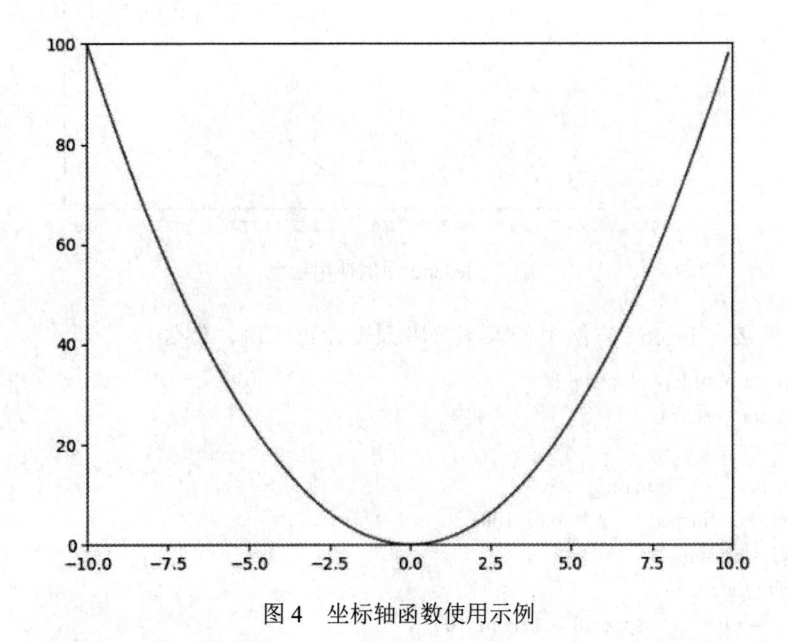

图 4　坐标轴函数使用示例

注意：有时候 y 轴的区间和给定的区间并不一样，系统会根据实际需要自动调整。关闭坐标轴用函数 plt.axis('off')。

（3）画布设置函数 figure(figsize=(a,b))，其中 a 是 x 轴刻度比例，b 是 y 轴刻度比例。

（4）图例设置。

图例设置有两种方法，一种是分别在 plot()函数中使用 label 参数指定，并调用 plt.legend()方法显示图例，例如：

```
import matplotlib.pyplot as plt
import numpy as np

if __name__ == "__main__":
    x = np.arange(-10, 10, 0.1)
    y = x ** 2
    plt.plot(x, y, label='label show')
    plt.legend()
    plt.show()
```

运行结果如图 5 所示。

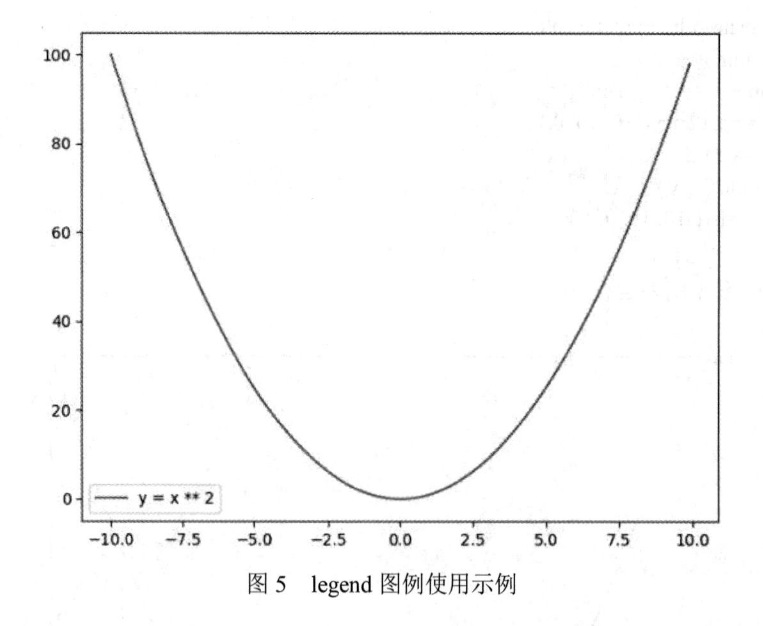

图 5　legend 图例使用示例

另一种是直接在 legend 方法中传入字符串列表设置图例，例如：

```
import matplotlib.pyplot as plt
import numpy as np

if __name__ == "__main__":
    x1 = np.linspace(0, 2 * np.pi, 100)
    y1 = np.sin(x1)
    plt.plot(x1, y1)
    x2 = x1 = np.linspace(0, 2 * np.pi, 100)
```

```
y2 = np.cos(x1)
plt.plot(x2, y2)
plt.legend(['sin(x)', 'cos(x)'], loc=1, ncol=1)
plt.show()
```

运行结果如图 6 所示。

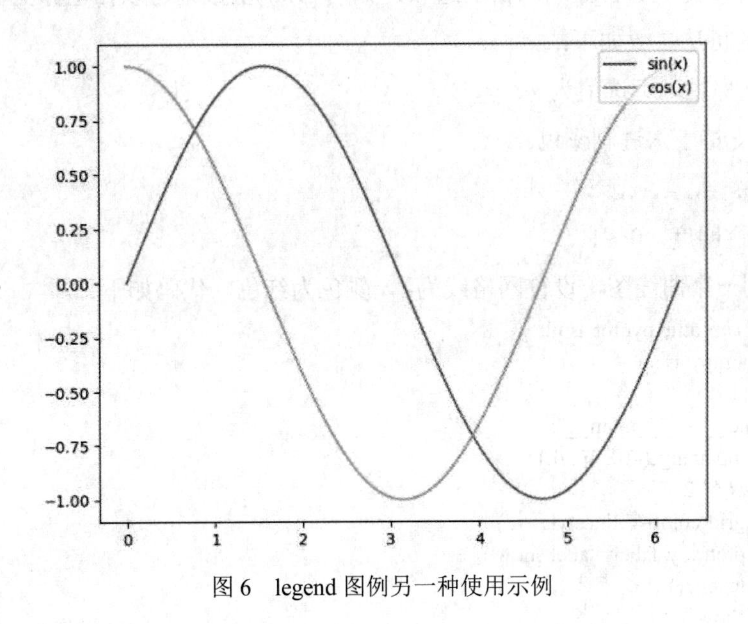

图 6　legend 图例另一种使用示例

其中 legend 的参数设置如下：

1）图例名称列表：传递的图例名称列表必须与曲线绘制顺序一致。

2）loc：用于设置图例标签的位置，Matplotlib 预定义了多种数字表示的位置，见表 2。

表 2　loc 位置设置

数字表示	数字表示
0	最优位置
1	右上角
2	左上角
3	左下角
4	右下角
5	右边
6	左边中
7	右边中
8	下边中
9	上边中
10	图中间

loc 参数可以是 2 个元素的元组，表示图例左下角的坐标，[0,0]左下，[0,1]左上，[1,0]右

下，[1,1]右上。

3）ncol：图例的列数。

（5）网格线设置。

grid()函数可以提供是否显示网格的选项，调用 grid()函数则可以在坐标上显示网格。

grid()函数的可选参数如下：

1）axis：坐标轴，可选值为 x、y。

2）color：支持十六进制颜色。

3）linestyle：–，-.、:。

4）alpha：透明度，0～1。

例如：绘制一个曲线图，设置网格线为-.，颜色为红色，代码如下：

```
import matplotlib.pyplot as plt
import numpy as np

if __name__ == "__main__":
    x = np.arange(-10, 10, 0.1)
    y = x ** 2
    plt.grid(color='r',linestyle='-.')
    plt.plot(x, y, label='label show')
    plt.legend()
    plt.show()
```

运行结果如图 7 所示。

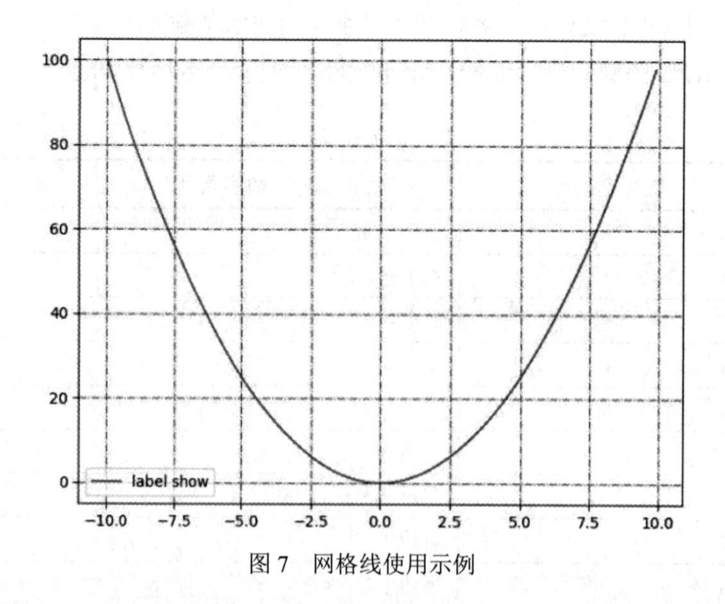

图 7　网格线使用示例

3. Matplotlib 常见图标绘制

（1）曲线图。

在一个 plot()函数中传入相应参数，可以绘制曲线图，参数如下：

1）x：设置 x 轴数值。

2）y：设置 y 轴数值。

3）ls：折线图的线条风格，如'-' 表示实线，'- -' 表示破折线，'-.' 表示点划线，':' 代表虚线，"" 表示无线条。

4）color：设置线条颜色。

5）marker：设置标记样式。

6）lw：设置折线图的线条宽度。

7）label：标记图形内容的标签文本。

例如绘制正弦曲线图。在 plot 中传入(x,y)，代码如下：

```
import matplotlib.pyplot as plt
import numpy as np

if __name__ == "__main__":
    x = np.linspace(0, 2 * np.pi, 100)
    y = np.sin(x)
    plt.plot(x, y)
    plt.show()
```

运行结果如图 8 所示。

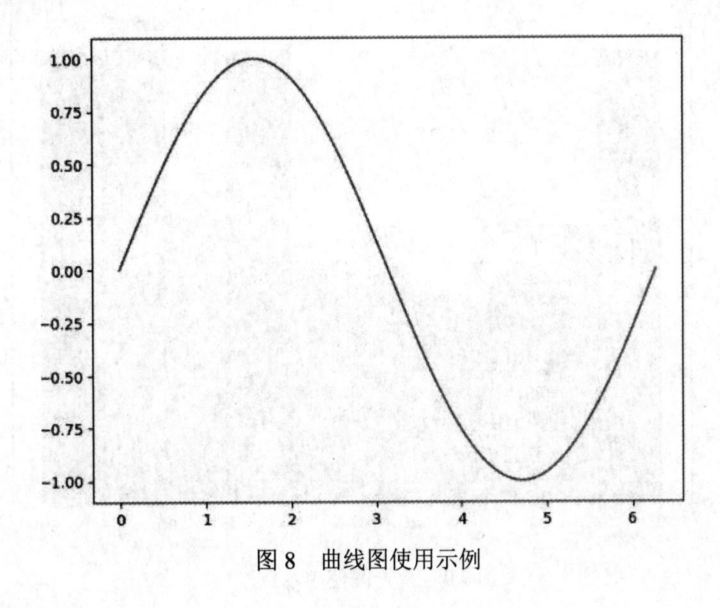

图 8　曲线图使用示例

（2）直方图。

使用 hist（data，bins，normed，facecolor，edgecolor，alpha）函数可以设置直方图参数，hist 中参数说明如下：

1）data：必选参数，绘图数据参数。

2）bins：直方图的长条形数目，可选项，默认为 10。

3）normed：是否将得到的直方图向量归一化，可选项，默认为 0，代表不归一化，显示频数。normed=1，表示归一化，显示频率。

4）facecolor：长条形的颜色。

5）edgecolor：长条形边框的颜色。

6）alpha：透明度。

例如设置一个长条形数目为 10、直方图长条形为蓝色、长条形边框颜色为黑色的直方图，代码如下：

```
import matplotlib.pyplot as plt
import numpy as np

if __name__ == "__main__":
    x = np.random.randint(0, 100, 100)
    bins = np.arange(0, 101, 10)
    fig = plt.figure(figsize=(12, 6))
    plt.subplot(1, 1, 1)
    plt.hist(x, bins, color='b', edgecolor="black", alpha=0.6)
    plt.show()
```

运行结果显示如图 9 所示。

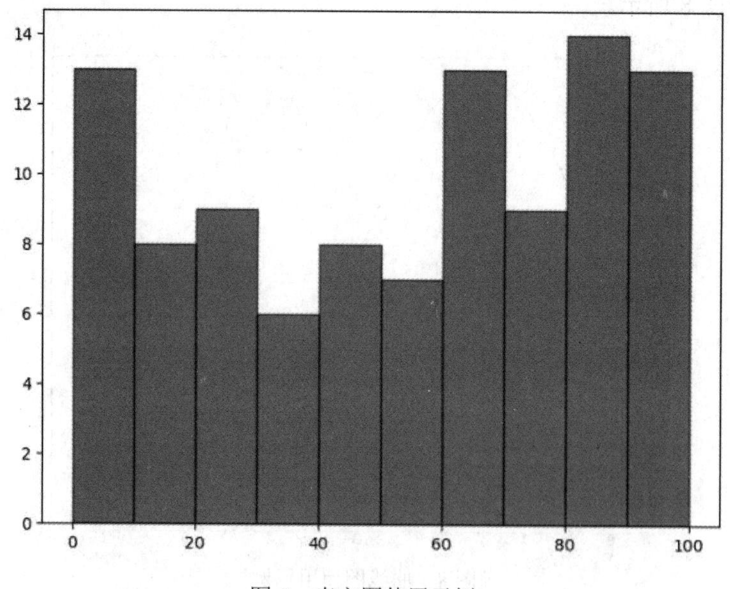

图 9　直方图使用示例

（3）折线图。

设置由 5 个点组成的折线图，代码如下：

```
import matplotlib.pyplot as plt
import numpy as np

if __name__ == "__main__":
```

```
    x = [1, 2, 3, 4, 5]
    y = [2.3, 3.4, 1.2, 6.6, 7.0]
    plt.subplot(1, 1, 1)
    plt.plot(x, y, color='r', linestyle='-')
    plt.show()
```

运行结果如图 10 所示。

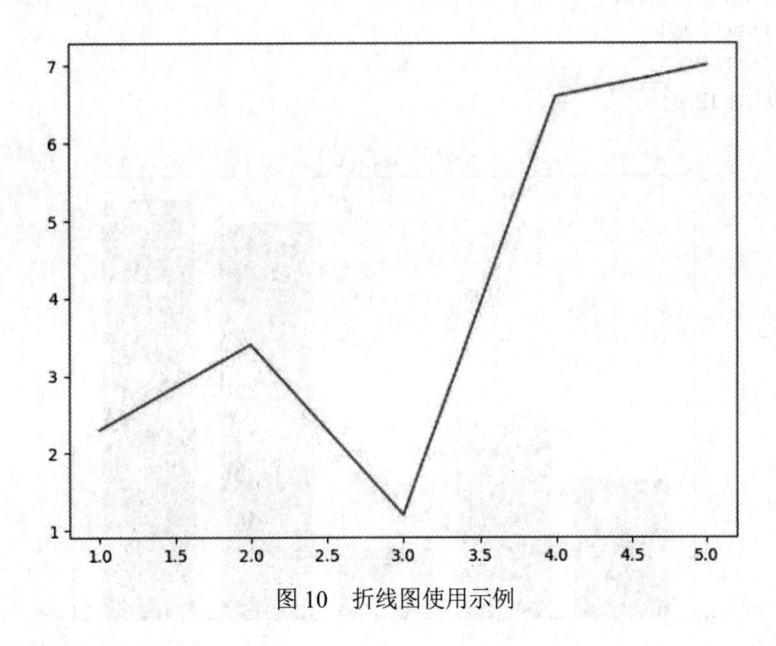

图 10　折线图使用示例

（4）散点图。

绘制散点图的代码如下：

```
import matplotlib.pyplot as plt
import numpy as np

if __name__ == "__main__":
    n = 30
    X = np.random.normal(0, 1, n)
    Y = np.random.normal(0, 1, n)
    T = np.arctan2(Y, X)

    plt.axes([0.025, 0.025, 0.95, 0.95])
    plt.scatter(X, Y, s=75, c=T, alpha=.5)

    plt.xlim(-1.5, 1.5), plt.xticks([])
    plt.ylim(-1.5, 1.5), plt.yticks([])
    plt.show()
```

运行结果如图 11 所示。

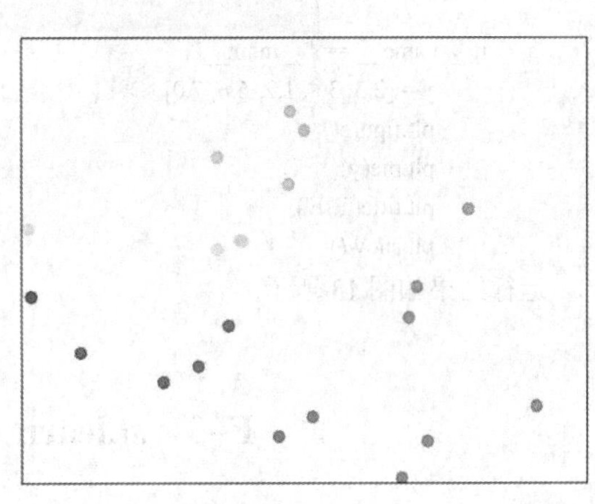

图 11　散点图使用示例

（5）柱状图。

用函数 bar()绘制柱状图，代码如下：

```
import matplotlib.pyplot as plt
import numpy as np

if __name__ == "__main__":
    x = [1, 2, 3, 4, 5]
    y = [2.3, 3.4, 1.2, 6.6, 7.0]
    plt.bar(x, y)
    plt.title("bar")
    plt.show()
```

运行结果如图 12 所示。

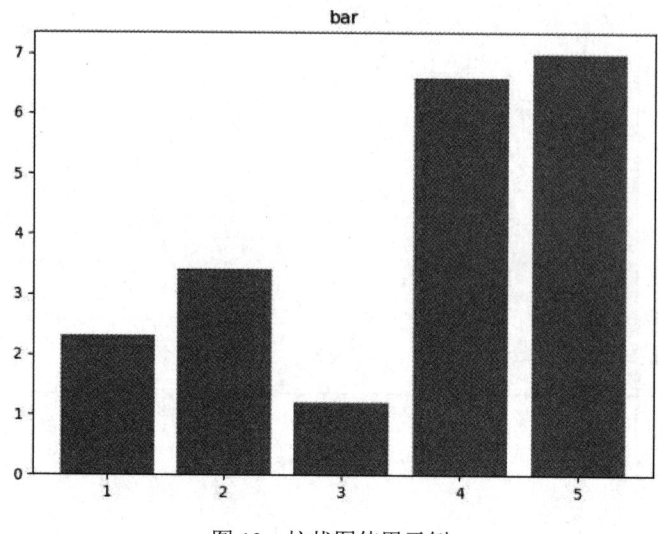

图 12　柱状图使用示例

（6）饼状图。

用函数 pie()绘制饼状图，代码如下：

```
import matplotlib.pyplot as plt
import numpy as np

if __name__ == "__main__":
    y = [2.3, 3.4, 1.2, 6.6, 7.0]
    plt.figure()
    plt.pie(y)
    plt.title('PIE')
    plt.show()
```

运行结果如图 13 所示。

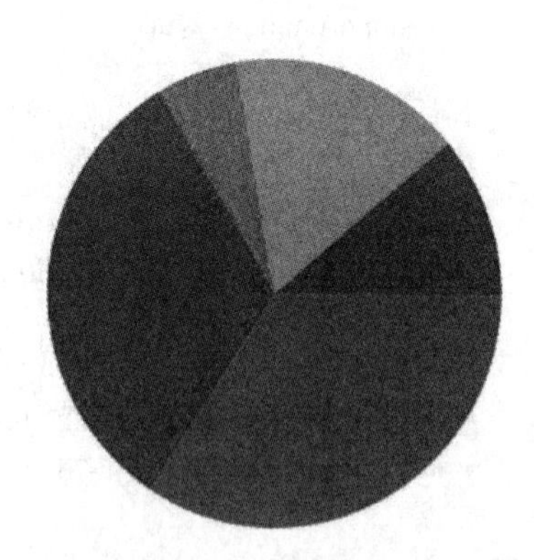

图 13　饼图使用示例

F-3　sklearn（scikit-learn）

sklearn 是一个 Python 的专门用于机器学习的科学计算库，是一个简单且高效的数据挖掘和数据分析工具。sklearn 基于 NumPy、SciPy 和 Matplotlib，提供了一批统一化的机器学习方法功能接口，提供聚类、分类、回归、强化学习等计算功能，具有丰富的 API，建立模型简单，预测简单，是机器学习最基本的 Python 库。

由于 sklearn 是基于 NumPy 与 SciPy 等包的支持，所以需要在安装 sklearn 之前安装这些工具包。

1. sklearn 数据集

sklearn 中包含众多机器学习方法。sklearn 通用学习模式一般需要引入训练数据，选择相应学习方法进行训练。sklearn 自带部分标准数据集通过方法加载；另外也可以通过相应方法构造生成数据。

sklearn 提供了常用的数据集类 sklearn.datasets，如图 14 所示。

类型	数据集名称	调用方式	适用算法	数据规模
小数据集	波士顿房价数据集	load_boston()	回归	506*13
	鸢尾花数据集	load_iris()	分类	150*4
	糖尿病数据集	load_diabetes()	回归	442*10
	手写数字数据集	load_digits()	分类	5620*64
大数据集	Olivetti脸部图像数据集	fetch_olivetti_faces()	降维	400*64*64
	新闻分类数据集	fetch_20newsgroups()	分类	-
	带标签的人脸数据集	fetch_lfw_people()	分类；降维	-
	路透社新闻语料数据集	fetch_rcv1()	分类	804414*47236
注：小数据集可以直接使用，大数据集在第一次使用的时会自动下载				

图 14　sklearn 常用的数据集

通过使用 load_数据集()方法可以加载所需数据，例如加载鸢尾花数据使用 datasets.load_iris()引入 iris 数据，可以很方便地返回数据特征变量和目标值。

特征数据数组 data：是一个 [n_samples * n_features] 的二维 numpy.ndarray 数组。

标签数组 target：是一个 n_samples 的一维 numpy.ndarray 数组。

DESCR：数据描述。

特征名 feature_names：新闻数据，手写数字，回归数据集里没有。

标签名 target_names：回归数据集里没有。

例如，导入鸢尾花的数据集，并输出其特征数据和标签数据，代码如下：

```
from sklearn import datasets
iris = datasets.load_iris()
print(iris.data.shape)  #查看矩阵形状
x = iris.data
y = iris.target
print(x)
print(y)
```

部分结果如下：

```
(150, 4)
[[5.1 3.5 1.4 0.2]
 [4.9 3.  1.4 0.2]
 [4.7 3.2 1.3 0.2]
 [4.6 3.1 1.5 0.2]
 [5.  3.6 1.4 0.2]
 [5.4 3.9 1.7 0.4]
```

```
[0 0 0 0 0 0 0 0 0 0 0 0 0 0 0 0
 0 0 0 0 0 0 0 0 0 0 0 0 0 1 1 1
 1 1 1 1 1 1 1 1 1 1 1 1 1 1 1 1
 2 2 2 2 2 2 2 2 2 2 2 2 2 2 2 2
```

iris 数据集中存储了萼片和花瓣的长和宽共 4 个属性，鸢尾植物类别分三类。因此，iris 数据集里有两个属性——iris.data 和 iris.target。data 是一个矩阵，每一列代表了萼片或花瓣的长宽，一共 4 列，每一列代表某个被测量的鸢尾植物，一行代表一个样本，一共有 150 条样本记录，所以查看这个矩阵的形状 iris.data.shape，结果是（150，4）。

2．sklearn 的算法

sklearn 实现了机器学习的大部分基础算法，主要有四类：分类、回归、聚类和降维。各类包含的主要算法见表 3。

表 3 sklearn 提供的算法

类型	模型	模块
分类	最近邻算法	neighbors.NearestNeighbors
	支持向量机	Svm.SVC
	朴素贝叶斯	naïve_bayes.GaussianNB
	神经网络	neural_network.MLPClassifier
回归	岭回归	linear_model.Ridge
	Lasso 回归	linear_model.Lasso
	贝叶斯回归	linear_model.BayesianRidge
	逻辑回归	linear_model.LogisticRegression
	多项式回归	preprocessing. PolynomialFeatures
	弹性网络	linear_model.ElasticNet
	最小角回归	linear_model.Lars
聚类	K-means	cluster.KMeans
	AP 聚类	cluster.AffinityPropagation
	均值漂移	cluster.MeanShift

续表

类型	模型	模块
聚类	层次聚类	cluster.AgglomerativeClustering
	DBSCAN	cluster.DBSCAN
	BIRCH	cluster.Birch
	谱聚类	cluster.SpectralClustering
降维	主成分分析	decomposition.PCA
	截断 SVD 和 LSA	decomposition.TruncatedSVD
	字典学习	decomposition.SparseCoder
	因子分析	decomposition.FactorAnalysis
	独立成分分析	decomposition.FastICA
	非负矩阵分解	decomposition.NMF
	LDA	decomposition.LatentDirichletAllocation

3. sklearn 模型应用

sklearn 把机器学习的模式整合起来了，学会了一个模式就可以举一反三，应用其他不同类型的学习模式。

sklearn 使用模型的步骤主要如下：

（1）导入模块。

（2）读入数据。

（3）建立模型。

（4）训练与测试。

例如，使用 sklearn 提供的 boston 房价数据集，利用线性回归预测波士顿房价。代码如下：

```
#导入所需模块，包括数据集和算法模块
from sklearn import datasets
from sklearn.linear_model import LinearRegression
import matplotlib.pyplot as plt

#读入数据集训练模型，进行线性回归
loaded_data=datasets.load_boston()
data_x=loaded_data.data
data_y=loaded_data.target

model=LinearRegression()
model.fit(data_x,data_y)

print(model.predict(data_x[:4,:]))
print(data_y[:4])
```

```
#使用生成线性回归的数据集，最后的数据集结果用散点图表示
x,y=datasets.make_regression(n_samples=100,n_features=1,n_targets=1,noise=10)    #n_samples 表示样本数目，n_features 特征的数目  n_tragets  noise 噪音
plt.scatter(x,y)
plt.show()
```

运行结果如下：

```
[30.00384338 25.02556238 30.56759672 28.60703649]
[24.  21.6 34.7 33.4]
```

运行后的散点图如图 15 所示。

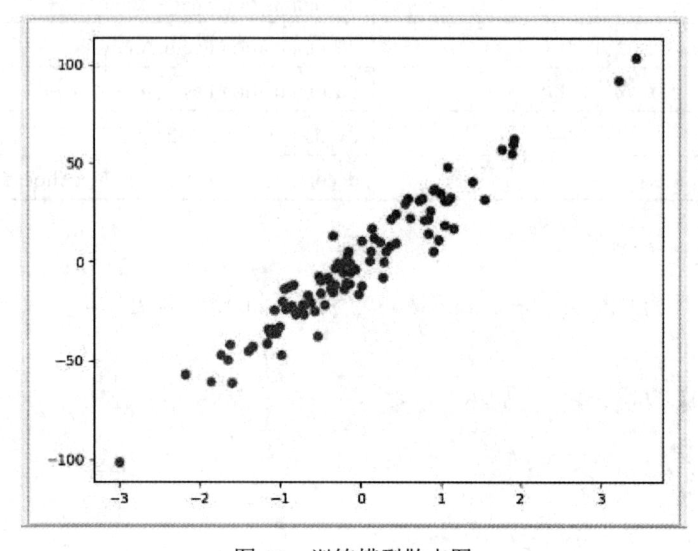

图 15　训练模型散点图